普通高等教育工业设计专业“十三五”规划教材

JISUANJI FUZHU GONGYE SHEJI
—— Rhino YU T-Splines DE YINGYONG

计算机辅助工业设计
——Rhino 与 T-Splines 的应用

主　编　程旭锋
副主编　章珊伟　梁　静

中国水利水电出版社
www.waterpub.com.cn
· 北京 ·

内 容 提 要

本书内容细致全面、重点突出，案例选取生活化，强调案例的针对性和实用性。本书不但讲授 Rhino 软件本身，还介绍其相关插件，如 T-Spline 和 Keyshot，并对软件和插件的联合使用、配合建模进行详细的案例讲解，对于学习者更好地掌握 Rhino 软件有很大的帮助。

本书用简单的案例，由浅入深，适用于对软件没有基础的初学者和广大工业设计爱好者使用。

本书配套的教学案例及相关软件可在 http://www.waterpub.com.cn/softdown 免费下载。

图书在版编目（CIP）数据

计算机辅助工业设计 : Rhino与T-Splines的应用 / 程旭锋主编. -- 北京 : 中国水利水电出版社, 2017.4(2023.8重印)
普通高等教育工业设计专业“十三五”规划教材
ISBN 978-7-5170-5248-7

Ⅰ. ①计… Ⅱ. ①程… Ⅲ. ①工业设计－计算机辅助设计－应用软件－高等学校－教材 Ⅳ. ①TB47-39

中国版本图书馆CIP数据核字(2017)第071668号

书　名	普通高等教育工业设计专业“十三五”规划教材 计算机辅助工业设计——Rhino与T-Splines的应用 JISUANJI FUZHU GONGYE SHEJI——Rhino YU T-Splines DE YINGYONG
作　者	主编　程旭锋　　副主编　章珊伟　梁　静
出版发行	中国水利水电出版社 （北京市海淀区玉渊潭南路 1 号 D 座　100038） 网址：www.waterpub.com.cn E-mail：sales@waterpub.com.cn 电话：（010）68367658（营销中心）
经　售	北京科水图书销售有限公司 电话：（010）63202643、68545874 全国各地新华书店和相关出版物销售网点
排　版	中国水利水电出版社微机排版中心
印　刷	天津久佳雅创印刷有限公司
规　格	210mm×285mm　16 开本　8 印张　208 千字
版　次	2017 年 4 月第 1 版　2023 年 8 月第 4 次印刷
印　数	7001—9000 册
定　价	39.00元

前言

Preface

Rhinoceros 简称 Rhino，又称为“犀牛”，是一款专业、功能强大但又非常小巧的 3D 造型软件，大小仅 100M 左右，对硬件要求很低。Rhinoceros 被广泛应用于工业设计、三维动画制作和机械设计等领域，它包含了所有的 NURBS 建模功能，界面简洁、操作流畅，受到了工业设计者的青睐。

本书面向的是犀牛“0”基础的初学者，通过案例解析与详细的分步教学，使读者能够在较短的时间内，全面掌握软件。同时，本书还对犀牛的热门插件 T-Splines 和 Keyshot 进行了介绍与剖析，这是本书的亮点。教材后半部分对单独用犀牛建模与单独用 T-Splines 建模的过程进行了对比，指导学生分析遇到的建模需求，灵活运用 T-Splines 会比单用犀牛建模要简便、省时得多。本书也重点指导了如何将犀牛与 T-Splines 配合起来使用。

本书内容丰富，编写逻辑清晰、思路新颖，案例教程由浅入深，并不局限于讲解案例的制作方法，而是强调对创作思路的深入理解，注重展示案例的创建思路。

本书在写作过程中，得到了许多人士的大力协助，在此，感谢章珊伟对教材组稿、编写做出的贡献，感谢梁静参与第 10 章的教程编写工作。

编者

2017 年 3 月 10 日北京

目录
Contents

第1章
Chapter 1
概论

1.1 关于计算机辅助设计

计算机辅助设计（Computer Aided Design，CAD），即利用计算机及其图形设备帮助设计人员进行设计工作。在工程和产品设计等方面，计算机可以帮助设计人员担负计算、信息存储和制图等各项工作。在设计过程中，通常要利用计算机对不同方案进行大量的计算、分析和比较来决定最优方案；各种设计信息，不论是数字的、文字的或图形的，都能存放在计算机的内存或外存里，并能快速地检索；设计人员通常用草图开始设计，将草图变为工作图的繁重工作可以交给计算机完成；利用计算机可以进行与图形的编辑、放大、缩小、平移和旋转等有关的图形数据加工工作。

1.1.1 辅助建模

随着计算机的迅速发展，生产中的设计方法发生着巨大变化。以前只能靠手工完成的许多简单作业，逐渐通过计算机实现高效化和高精度化。其中计算机辅助设计技术即CAD技术是近年来发展较快的一个方向。并且在市场上，流行与使用的以三维软件居多，在建立几何模型时所用的方法也各不相同。我们希望有一种统一的处理方法来处理各种不同的几何形状。在对几何建模作了深入研究之后，基于建模思想，总结现有CAD建模方法并将它抽象为易于理解的两大类——基础模型和复杂建模。

1.1.2 辅助分析

计算机辅助分析（Computer Aided Analysis）是CIMS（计算机辅助制造系统）工程实施的一个重要内容。市场竞争的日益激烈对产品的设计质量提出了越来越高的要求，在产品开发过程中应用计算机辅助分析技术已经成为大型制造业产品设计的一个发展趋势。

1.1.3 辅助制造

计算机辅助制造（Computer Aided Manufacturing，CAM）是指在机械制造业中，利用电子数字计算机通过各种数值控制机床和设备，自动完成离散产品的加工、装配 、检测和包装等制造过程。除

CAM 的狭义定义外，国际计算机辅助制造组织（CAM-I）关于计算机辅助制造有一个广义的定义：“通过直接的或间接的计算机与企业的物质资源或人力资源的连接界面，把计算机技术有效地应用于企业的管理、控制和加工操作。”按照这一定义，计算机辅助制造包括企业生产信息管理（EPMI）、计算机辅助设计（CAD）和计算机辅助生产、制造（CAPM）3 部分。计算机辅助生产、制造又包括连续生产过程控制和离散零件自动制造两种计算机控制方式。这种广义的计算机辅助制造系统又称为整体制造系统（IMS）。采用计算机辅助制造零件、部件，可改善对产品设计和品种多变的适应能力，提高加工速度和生产自动化水平，缩短加工准备时间，降低生产成本，提高产品质量和批量生产的劳动生产率。

1.2 CAID 类软件及特点

CAID（Computer Aided Industrial Design，计算机辅助工业设计）是一项应时代发展的需求而产生的技术，即在计算机及其相应的计算机辅助工业设计系统的支持下，进行工业设计领域的各类创造性活动，它是以计算机技术为支柱的信息时代环境下的产物。然而与 CAD 的发展相比，CAID 的发展则只是近十几年才开始的。其名称最早于 1989 年在《Innovation》杂志中以季刊主体的形式被提出，并在工业设计界产生了强烈的反响，受到了设计师的普遍欢迎，也使其在此领域蓬勃发展。在早期的计算机辅助工业设计中，不论是 2D 或是 3D 的软件都可被定义为 CAID。但随着软硬件技术的快速发展，单纯以平面 2D 辅助工业设计的软件系统就逐渐地被排除在 CAID 范畴之外了。

运用 CAID 软件，可以增强产品造型的 3D 表现效果，并节省大量的时间，使得工业设计师能够有更大的空间去发挥其在造型设计上的创意；还能通过通用的文件格式，使工业设计师能够与负责其他工序的设计师进行良好的交流与沟通；也使得设计师与客户间能够提前对产品设计进行沟通，评估生产的可能性，减少了产品开发中不必要的失误。

1.2.1 草图类

草图类软件，也就是手绘草图类软件，主要有 Painter、Artrage、Opencanvas 等，当然 Photoshop 也是适合初级使用者的手绘类软件。其中，Painter 是数码素描与绘画工具的终极选择，是一款极其优秀的仿自然绘画软件，拥有全面和逼真的仿自然画笔。Painter 是专门为渴望追求自由创意及需要数码工具来仿真传统绘画的数码艺术家、插画画家及摄影师而开发的，它能通过数码手段复制自然媒质（Natural Media）效果，是同级产品中的佼佼者，获得了业界的一致推崇。

不过这些手绘草图类软件都必须搭配数位板和压感笔来使用才能真正实现其强大的功能。

1.2.2 平面类

与工业设计有关的平面软件，主要包括 Photoshop、CorelDRAW、Illustrator 等，这类软件主要用来制作产品平面效果图和进行展板排版设计。

Photoshop 主要用于处理像素所构成的数字图像，功能强大，多应用于图形、图像、文字、出版、视频等方面。在工业设计中，Photoshop 主要用于对图片进行后期处理和产品展板排版设计。作为一名工业设计师，掌握必要的 Photoshop 技能是必不可少的。

CorelDRAW 是矢量图制作软件，它在矢量动画、位图编辑、页面设计、网页动画、网站制作等方面应用广泛。很多工业设计师喜欢用 CorelDRAW 进行产品效果表达，主要是因其图形是矢量图，不受分辨率影响，图形不会随着放大、缩小而虚化，可远观，也可近看，产品表现效果较好，操作简便。

Illustrator 是一种工业标准矢量插画软件，被广泛应用于印刷、出版、海报、书籍排版、专业插画、多媒体图像处理和互联网页面的制作等。Illustrator 和 CorelDRAW 均被称为绘图软件，两者在功能方面多有相似之处。

1.2.3 三维类

三维建模软件主要包括 Alias、Rhinoceros、3ds max、Cinema 4D、Maya、UG、Pro/E、SolidWorks、CATIA、MastCAM 等。这类软件主要用来进行产品 3D 效果图、产品线框结构图、产品结构草图和产品爆炸图设计。这么多三维建模软件，有些侧重动画（Maya），有些侧重建筑和环艺（3ds max），有些侧重影视（Cinema 4D），有些侧重产品（Rhino），有些侧重工程（SolidWorks），有些侧重加工（MastCAM），有些侧重模拟分析（UG、PRO/E、CATIA）。下面主要介绍三维建模软件。

1.3 三维建模软件简介

UG、Pro/E、CATIA 和 SolidWorks 这些软件被称为工程软件，在结构设计和建模方面功能强大，可以直接支持生产和制造。但是，这类软件在创意表现和渲染方面稍有欠缺。专业的结构设计师多使用这些软件。

1.3.1 产品设计软件

Rhinoceros 简称 Rhino，又称为“犀牛”，是一款专业、功能强大但又非常小巧的 3D 造型软件，大小仅 100M 左右，对硬件要求很低。Rhinoceros 被广泛应用于工业设计、三维动画制作和机械设计等领域，它包含了所有的 NURBS 建模功能，界面简洁、操作流畅，受到了工业设计者的青睐。

1.3.2 建筑设计软件

3D Studio Max 简称 3ds max，被广泛应用于影视、广告、建筑设计、工业设计、三维动画、多媒体制作和游戏等领域。

1.3.3 动画设计软件

Maya 是现在非常流行的三维动画软件。由于 Maya 软件功能强大，体系完善，在国外的视觉设计领域应用得非常普遍。目前，在国内，该软件也越来越普及。

1.3.4 汽车交通工具设计软件

Alias 是非常专业的工业设计软件，在精确建模、无缝连接、创意表现、真实渲染和输出的整个流程中表现优秀。另外，Alias 还可以通过动画来展示产品，常用于汽车、飞机、游艇等交通工具设计。

1.4 Rhino 及插件介绍

1.4.1 Rhino 简介

Rhino 是美国 Robert McNeel & Associates 软件公司所开发的产品，主要采用了 NURBS（曲线曲面的非均匀有理 B 样条）自由曲面的建模技术和特征实体建模的操作模式。在 Rhino 的官方网站中提到："Rhino 的实体可以炸开为自由曲面，经过编辑后再结合为实体。可以利用相交曲面为边界来构建实体模型，并且具有剪切任意曲线、曲面和实体之组合物体的超强能力。"其次，Rhino 保留了使用者在构建模型过程中的完整历史纪录，使得软件具有不限次数的"撤销"（Undo）与"重复"（Redo）的功能，让使用者对模型的修改变得极为便利。目前 Rhino 已经更新到了 6.0 版本，但用得较多的还是 5.0 版本。在 Rhino 2.0 版中被视为"鸡肋"的渲染功能，也随着一批优秀的渲染插件的引入而得到了极大的改善。比如，VRay、KeyShot。VRay 和 KeyShot 是目前很受欢迎的两款渲染软件，VRay 为不同领域的优秀 3D 建模软件提供了不同的版本，以方便使用者渲染各种图片；KeyShot 的即时渲染功能深受客户青睐，在即时渲染模式下，无需复杂的设定即可产生与相片一般真实的 3D 渲染影像，所见即所得，非常直观、便捷。本书重点介绍的渲染插件是 KeyShot。

而且一些建模插件的引入，也让 Rhino 创建不规则模型的功能得到极大的提升，T-Splines 便是其中一款好用的插件。

此外 Rhino 对于软硬件设备（如内存容量）的要求是目前众多 CAID 软件中最低的。Rhino 在对如图 1.1 所示的实物进行建模时，尤为得心应手，这也是后面会涉及的一些案例。

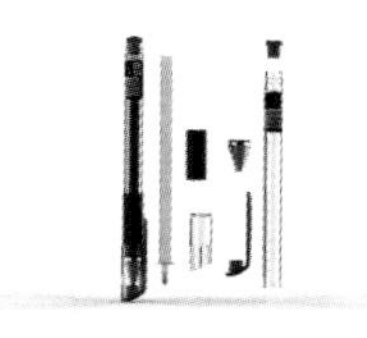

图 1.1

1.4.2 T-Splines 简介

T-Splines 是由 T-Splines 公司领导开发的一种具有革命性的崭新建模技术，它结合了 NURBS 和细分表面建模技术的特点，虽然和 NURBS 很相似，不过它极大地减少了模型表面上的控制点数目，可以进行局部细分和合并两个 NURBS 面片等操作，使建模操作速度和渲染速度都得到提升。

T-Splines 作为一种新的 surface 的表示方式，最初是在 2003 年和 2004 年的 SIGGRAPH Papers 会议上首次公开的。T- 样条曲面可以被看作是一种 NURBS 曲面，但允许控制点序列不必遍历整个表面就中断。控制网终止点的结构类似于字母"T"（这就是 T- 样条名字的由来）。和 NURBS 建模相比，使用 T- 样条建模可以减少控制点的数量，并且使得各个面片之间更容易融合，但这也要求数据结构需要记录这种非规则的连续性。T- 样条可以通过节点插入算法被转换为 NURBS 曲面，反之，NURBS 曲面也可以用不含 T- 节点的 T- 样条来表示，从理论上讲，T- 样条可以完成 NURBS 可以实现的一切功能。T-Splines 因为是基于 NURBS 的，所以具有 NURBS 的基本特性，模型可以做到非常的精确。用户可以通过简单的拖、拉、挤等动作就可以做出超乎想象的自由模型。值得一提的是 T-Splines 可以把 polygon 模型转成 NURBS，而且速度相当的快。T-Splines 的优点在于：仅当必要时才对模型添加细节；可以创建非矩形拓扑；容易编辑复杂的自由曲面；保留和 NURBS 曲面的兼容性。图 1.2 是一些用 T-Splines 创建的比较快捷的案例。将在后面几章详细介绍具体方法。

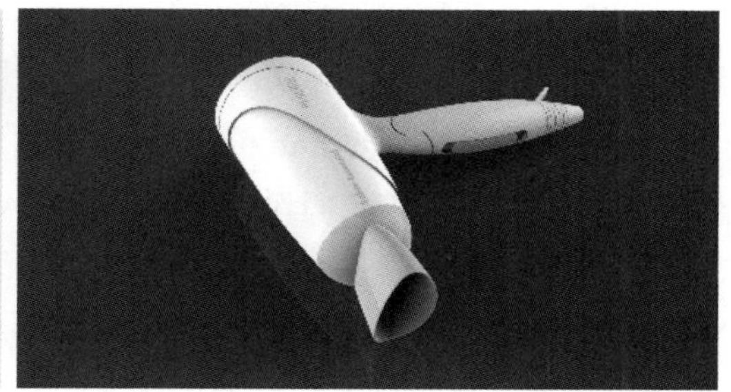

图 1.2

1.4.3 KeyShot 简介

KeyShot™ 意为“The Key to Amazing Shots”，是一个互动性的光线追踪与全域光渲染程序，无需复杂的设定即可产生相片般真实的 3D 渲染影像。

Luxion HyperShot/KeyShot 均是基于 Lux Render 这款渲染程序开发的。目前 Luxion 公司与 BunkSpeed 公司因技术问题分道扬镳（因为 BunkSpeed 公司未能及时支付 Luxion 公司渲染核心租用费用导致），Luxion 公司不再授权给 BunkSpeed 公司核心技术，BunkSpeed 公司也不能再销售 HyperShot，以后将由 Luxion 公司自己销售，并更改产品名称为 KeyShot，所有原 HyperShot 用户可以免费升级为 KeyShot。Bunkspeed 公司渲染核心采用 Mental Images Iray 技术，Mental Images Iray 是 nVidia 旗下的一家公司，Bunkspeed 公司再重新基于新核心编写新程序，名字当然也是由 HyperShot 变成了 BunkSpeed Shot。

LuxRender 是一种基于物理的没有偏见的渲染引擎。基于先进的技术水平算法，LuxRender 根据物理方程模拟光线流，因此产生照片般逼真的图像。LuxRender 是免费软件，可以个人或商业使用，以 GPL 许可，这个程序可运行在 Windows、Mac OS and Linux 上，其功能齐全的出口商可用于许多流行的 3D 封装，包括 Blender、3ds max 和 XSI 的交互式用户界面和出口商。同时 LuxRender 也是一款开源的软件。

1.4.4 参数化软件简介

Grasshopper 简称 GH，中文名为“蚱蜢”，是一款在 Rhino 环境下运行的采用程序算法生成模型的插件，是目前设计类专业参数化设计方向的入门软件。与传统建模工具相比，GH 的最大的特点是不需要太多任何的程序语言的知识就可以向计算机下达更加高级复杂的逻辑建模指令，使计算机根据拟定的算法自动生成模型结果。通过编写建模逻辑算法，机械性的重复操作可被计算机的循环运算取代；同时设计师可以将设计模型植入更加丰富的生成逻辑。与传统工作模式相比，无论在建模速度还是在水平上都有较大幅度的提升。

其很大的价值在于它是以自己独特的方式完整记录起始模型（一个点或一个盒子）和最终模型的建模过程，从而达到通过简单改变起始模型或相关变量就能改变模型最终形态的效果。当方案逻辑与建模过程联系起来时，Grasshopper 可以通过参数的调整直接改变模型形态。这无疑是一款极具参数化设计的软件。

GH 中提供的矢量功能是 Rhino 中没有的概念，因此可能很多即便熟悉 Rhino 的用户在学习 Grasshopper 的时候也会对这部分有一些陌生，无论在 Grasshopper 中还是初中课本里，矢量就是矢量，它都代表同样的意思：既具有大小又具有方向的量。在 Rhino 中制作模型，比如画曲线，拉控制点，移动，阵列物体等几乎所有的手工建模都是在反复的做定义距离和方向的工作。而在以程序建模（参数化建模）的软件中，这个工作我们希望是尽量以输入数据和程序自动计算的方式来完成，以替代传统手工去画的方式，在 Grasshopper 或者其他的参数化建模的软件中用来完成这个工作的工具就是矢量。

目前 GH 已成为国内参数化设计创新领域的领军软件，NCF 参数化建筑联盟作为推广此软件的先驱网络，也是目前最大、最深入的 GH 交流平台，但仍然在做公益性的技术普及宣传。主要应用在建筑设计领域，比如，建筑表皮效果制作，复杂曲面造型建立等。国内作品有中钢国际、银河 SOHO 等建筑设计。

第2章

Chapter 2

初识Rhino

2.1 基本命令

2.1.1 界面介绍

图 2.1 即为 Rhino 5.0 默认工作界面，包括菜单栏、指令行、工具栏、工具列、工作视窗、状态栏等部分。

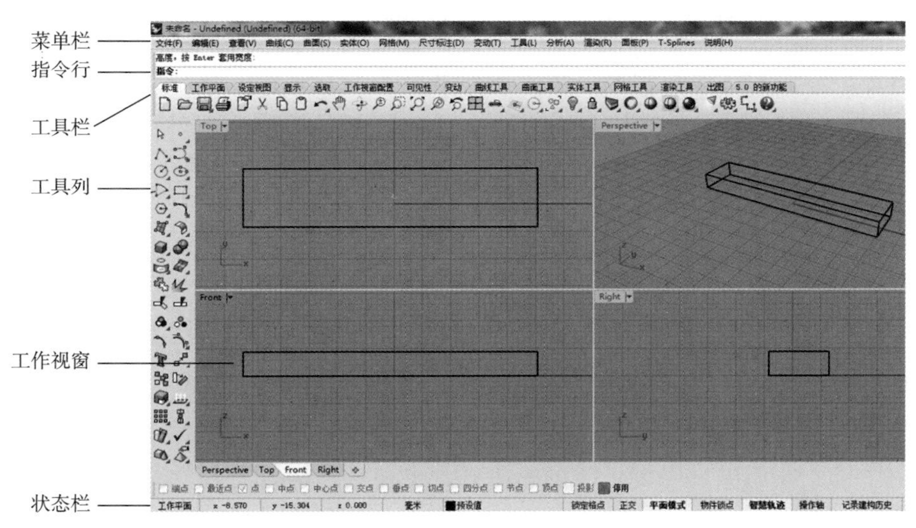

图 2.1

1. 菜单栏

在菜单栏中，Rhino 的命令按照功能进行了归类，如果需要执行某个命令，单击菜单栏内的菜单，在列表中单击该命令即可。

2. 指令行

指令行可分为指令历史行和指令提示行。在指令历史窗口中显示执行过的命令及命令提示记录。在指令提示行中可以输入要执行的命令，同时，要根据指令提示行中的提示进行下一步操作。

3. 工具栏、工具列

工具栏、工具列中含有命令图标的按钮，用以执行各种命令。Rhino 5.0 的默认界面中有三个工具列，分别是位于工作视窗上方的【标准】工具行所在的区域（同一属性的工具以标签形式存放在工具栏区域）和左侧的【主要 1】、【主要 2】两列工具列。在工具列的命令图标中，右下角带有三角形的图标都带有隐藏工具列，长按鼠标左键可以将隐藏工具列打开，如图 2.2 所示。

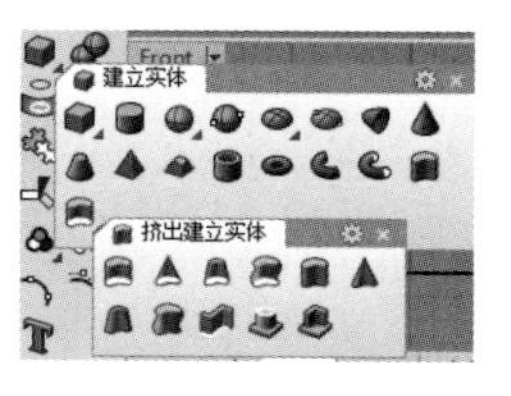

图 2.2

在 Rhino 5.0 工具列中，有一些图标分别用鼠标左键或右键单击时，分别执行不同的命令，当把鼠标指针放到图标上时，软件会给出提示。如图 2.3 中所示的图标，单击为【存储文件】命令，右击为【导出】命令。

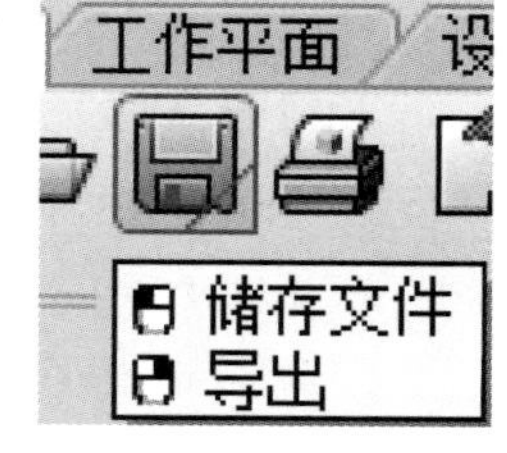

图 2.3

4. 工作视窗

视窗中显示 Rhino 的工作状态，包括模型、工作视窗标题、背景、工作平面格线、世界坐标轴图标等。系统默认的 4 个工作视窗为“田”字布局，分别为 Top（顶视图）、Perspective（透视图）、Front（前视图）、Right（右视图），单击视图标签可进行多种命令操作。

5. 状态栏

状态栏中显示当前坐标系统和当前鼠标光标的位置、当前图层信息及状态列面板，如图 2.4 所示。

工作平面 | x 14.722 | y 64.209 | z 0.000 | 毫米 | 预设值 | 锁定格点 | 正交 | 平面模式 | 物件锁点 | 智慧轨迹 | 操作轴 | 记录建构历史 | 过滤器

图 2.4

状态栏面板中的栏目，在建模过程中有着重要的作用，具体介绍如下：

- 锁定格点：单击可以切换是否锁定格点。打开格点锁定时，鼠标指针只能在格点上移动，格点间距可以在【文件属性】对话框的格线页面中设置。也可以在指令行中输入 SnapSize 命令，在指令行的提示下进行设置。
- 正交：单击可以切换正交模式。正交模式下限制鼠标指针只能在上一个指定点的规定的角度上移动。系统默认角度为 90°。
- 平面模式：单击可以切换平面模式。限制鼠标指针只能在通过上一个指定点并与工作平面平行的平面上移动。
- 物件锁点：物件锁点可以将鼠标指针锁定在物体上的某一点，例如端点、交点、中心点等，便于精确地建模。
- 记录建构历史：此选项可以记录建模的历史，更新有建构历史记录的物体。建构历史更新启用时，放样（Loft）曲面的造型可以用编辑输入曲线的方式改变。但不是所有的命令都可以使用记录建构历史选项。

在工作视窗内单击鼠标中键，会弹出一个工具列，如图 2.5 所示，这里包含着常用的命令图标。

图 2.5

2.1.2 基本命令

Rhino 5.0 文件一般为 3dm 格式，文件版本向下兼容。同时，Rhino 5.0 也可以打开或者保存多种格式，常用的有 iges、stp、dwg、stl、3ds 等。

1. 新建文件

在 Rhino 5.0 中新建文件有以下 4 种常用的方法：

- 选择【文件】→【新建】命令。
- 单击【标准】工具栏中的【新建】按钮 。
- 在指令行中输入 “new”。
- 使用快捷键 <Ctrl> + <N>。

2. 打开文件

在 Rhino 5.0 中打开文件有以下 4 种常用的方法：

- 选择【文件】→【打开】命令。
- 单击【标准】工具栏中的【打开】按钮 。
- 在指令行中输入 “open”。
- 使用快捷键 <Ctrl> + <O>。

使用以上任一种方法，都会弹出【打开】对话框。在对话框中，选取文件类型，接着选择要打开的文件，单击【打开】按钮即可，如图 2.6 所示。

图 2.6

3. 保存文件

【保存】命令的作用是保存目前的模型。操作方法有以下 4 种：

- 选择【文件】→【保存】命令。
- 单击【标准】工具栏中的【保存】按钮 。
- 在指令行中输入 “save”。
- 使用快捷键 <Ctrl> + <S>。

如果该文件是第一次被保存，会弹出【保存】对话框，选择保存位置和保存类型，之后输入文件名，单击【保存】按钮，如图 2.7 所示。如果该文件不是第一次被保存，在使用此命令后，就会用新文件直接覆盖原文件。

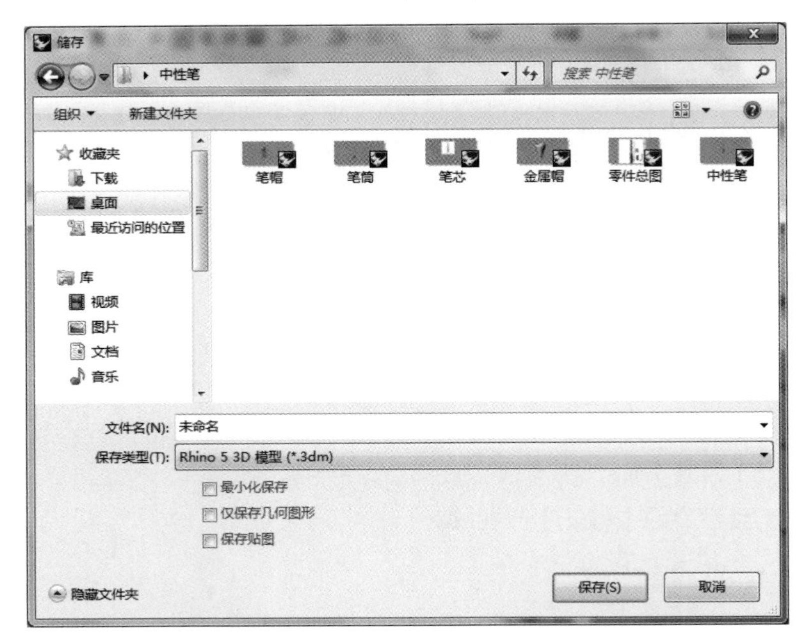

图 2.7

提示：【最小化保存】、【递增保存】、【另存文件】(单击左键)、【另存为模板】(与【另存文件】为同一个图标，单击右键)这 4 个按钮为隐藏按钮，隐藏在【文件】工具栏中，需要长按(鼠标左键或者右键)【保存】按钮或者单击按钮右下角的小三角，才能显示出此工具栏。同时，很多按钮用鼠标左键单击和右键单击会执行不同的命令，要注意区分。

【最小化保存】命令的作用是保存模型时去除渲染和分析网格。这种保存方式得到的文件占存储空间较少，但重新打开时，需要再次渲染，会花费较多的时间。操作方法有以下 4 种：

- 选择【文件】→【最小化保存】命令。
- 单击【文件】工具栏中的【最小化保存】按钮。
- 在指令行中输入“SaveSmall”。
- 在剪贴板为空时，使用快捷键 <Ctrl> + <V>。

【递增保存】命令可以递增的数字保存不同版本的模型文件。一般来说，递增常用来保存一个模型的建模历程。每次使用【递增保存】命令时，软件会在同一个保存位置保存一个新文件，新文件名为原文件名加上递增数字。操作方法有以下 3 种：

- 选择【文件】→【递增保存】命令。
- 单击【文件】工具栏中的【递增保存】按钮。
- 在指令行中输入“IncrementalSave”。

【另存文件】命令以不同的文件名称保存当前的模型，同时关闭当前的模型并打开另存的模型。操作方法有以下 3 种：

- 选择【文件】→【另存文件】命令。
- 单击【文件】工具栏中的【另存文件】按钮。
- 在指令行中输入“SaveAs”。

使用此命令时，软件也会弹出【保存】对话框，操作方式与【保存】命令相同。

【保存为模板】命令可以保存目前的模型为模板文件。操作方法有以下 3 种：

- 选择【文件】→【另存为】命令。
- 右击【文件】工具栏中的【保存为模板】按钮 。
- 在指令行中输入“SaveAsTemplate”。

使用此命令时，软件会弹出【保存模板文件】对话框，选择保存位置，输入文件名，单击【保存】按钮，如图 2.8 所示。模板文件一般保存在默认的 Template Files 文件夹中，这样下次使用模板新建文件时便可使用此次保存的模板文件。

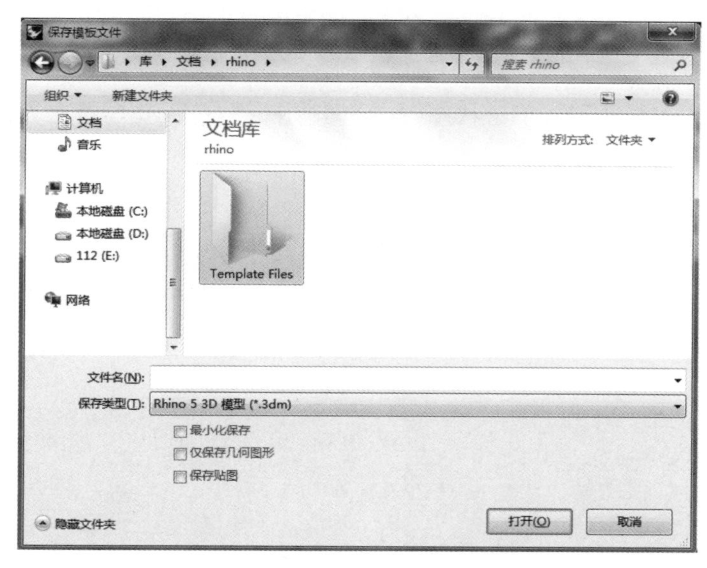

图 2.8

4. 基本几何体的创建

首先，要认识【创建实体】 这个命令，这是创建基本几何体的按钮，用鼠标左键单击该按钮可以创建立方体、长方体。步骤是，先在 Top 视图中确定我们所需要的长方体的长与宽，再在 Front 视图或 Right 视图中确定高，这样就创建出一个符合要求的长方体了。

用鼠标右键长按 ，弹出一个隐藏工具栏，会出现其他常见几何体创建的命令图标，【隐藏工具栏】部分在前文已经详细地讲解过了。

使用如图 2.9 所示的图标即可创建各种基本的几何体。

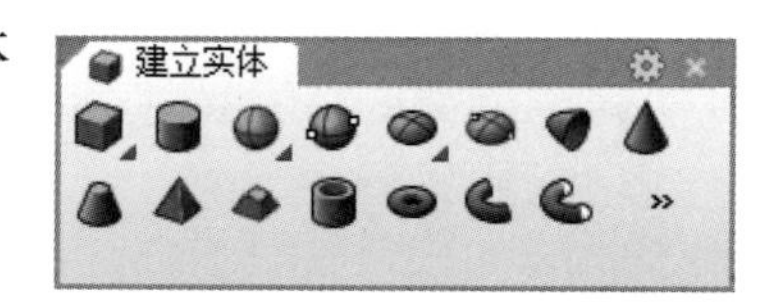

图 2.9

2.2 认识点、线、面

2.2.1 点的使用

打开【点】命令的方式如下：

- 选择【曲线】→【点物件】→【单点】/【多点】命令。
- 单击【主要】工具列中的【单点】按钮 /【多点】按钮 。

- 在指令栏中输入“point” / “points”。

绘制点命令的操作方式如下：

- 单点的绘制是 Rhino 所有物件命令中创建方式最为简单的。只需在所要创建的视图内，在相应的位置上单击鼠标，即可创建点物件。
- 多点绘制的方法与单点绘制的方法十分相似，只是在完成最后一个点的绘制时，按 Enter 键结束创建。

1. 中点

单击【中点】按钮绘制一条简单的线段，每条线段都会有自己的中点，那么有了一条线段之后，除了通过计算，中点是平均分配这条线段的点来确定中点，当线段较长时，可用【物件锁点】来绘制这条线段的中点。

单击【单点】按钮，然后再单击状态栏中的【物件锁点】，并勾选上方的【中点】选项，如图 2.10 所示。如此一来，将鼠标光标移至线段上，就会自动捕捉【中点】，捕捉到之后，单击即可绘制出该线段的中点，如图 2.11 所示。

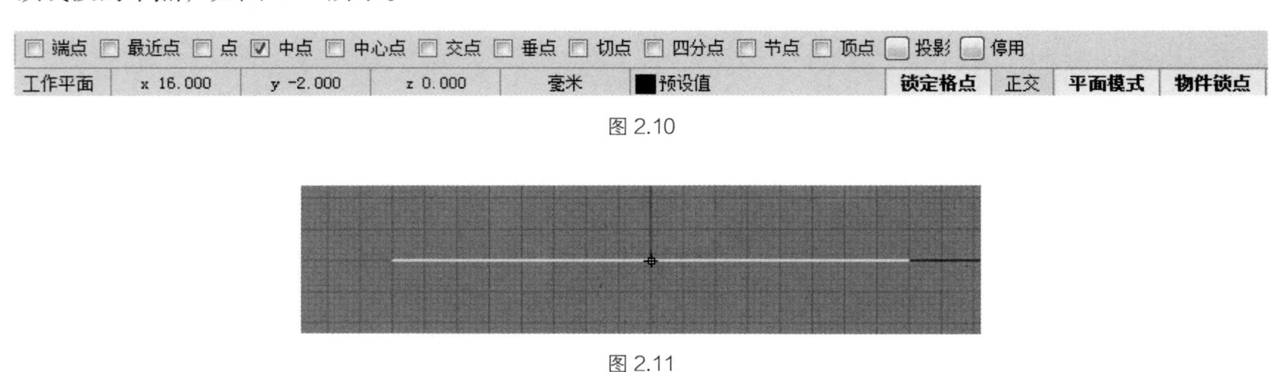

图 2.10

图 2.11

2. 端点和四分点

端点和四分点的绘制其实基本与中点的绘制方式一致。也是通过【物件锁点】然后再勾选【端点】和【四分点】，在线段上移动鼠标光标的过程中，让其自动捕捉这两个特征点，捕捉到之后，单击即可，如图 2.12 和图 2.13 所示。

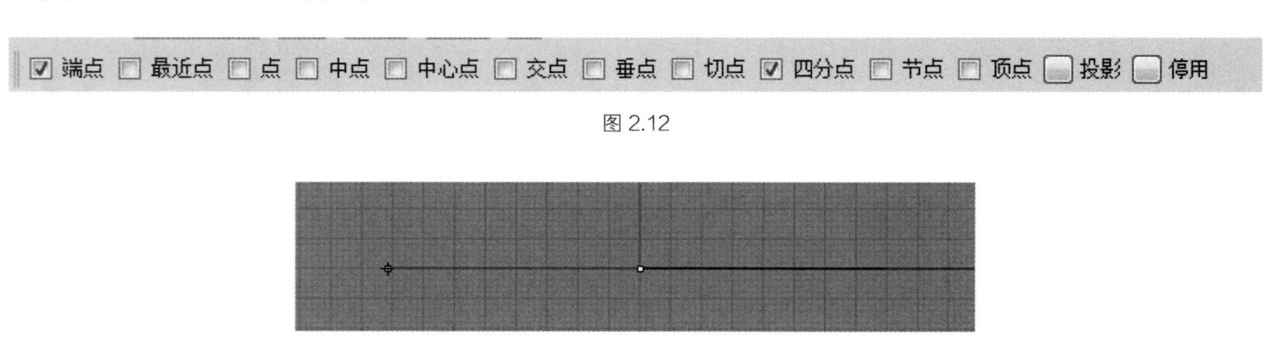

图 2.12

图 2.13

3. 中心点

中心点是相对于面或者体而言的。首先，用【指定三个或四个创建曲面】按钮绘制一个简单曲面，然后再勾选【物件锁点】中的【中心点】，如图 2.14 所示即可捕捉到中心点并绘制出来。

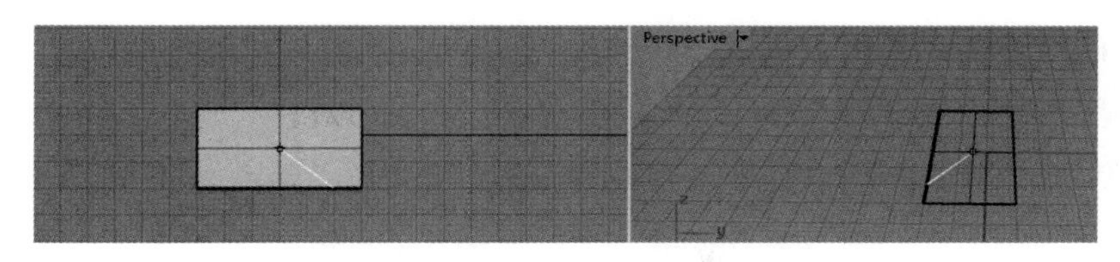

图 2.14

4. 切点

直线与圆有一个交点时，称为直线与圆相切，这条直线称为圆的切线，圆心垂直到这条直线上的点称为切线中的切点。这里，将绘制圆形曲线与直线的切点。绘制圆形曲线用【圆】命令；同样的，勾选【物件锁点】中的【切点】来捕捉，不过此时并不用【单点】命令来捕捉点，而是用【多重直线】命令来绘制切线，捕捉切点，如图 2.15 所示。

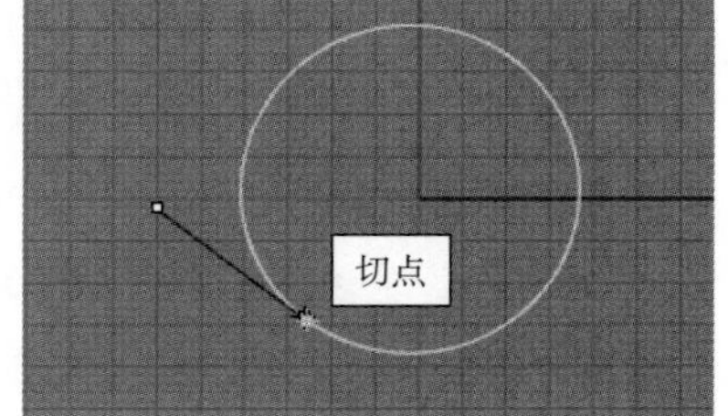

图 2.15

2.2.2　线的使用

直线的绘制比较简单，是一切线形绘制的基础。直线的绘制有很多种方法，在 Rhino 5.0 中包括了【直线】和【多重直线】。

1. 直线

（1）打开【直线】命令的方式如下：

- 单击【曲线】→【直线】→【单一直线】命令。
- 单击【主要】工具列中【直线】工具列的【单一直线】按钮 。
- 在指令栏中输入“line”。

（2）绘制直线的操作方式如下：

在使用【绘制直线】命令时，指令行提示窗口会给出选项以供选择：

法线（N） 指定角度（A） 与工作平面垂直（V） 四点（F） 角度等分线（B） 与曲线垂直（P） 与曲线相切（T） 延伸（E） 两侧（O）

- 【法线】：画出一条与曲面垂直的直线。

在【法线】选项下还有子选项：不论修剪与否（I）。选择【否】时，当鼠标标记移动超出曲面的修剪边界时会显示禁止符号，无法从被修剪掉（不可见）的曲面画出直线；选择【是】时，忽略曲面的修剪边缘，只有在鼠标标记超出未修剪曲面的边界时才会显示禁止符号。

- 【指定角度】：画出一条与基准线呈指定角度的直线。
- 【与工作平面垂直】：画出一条与工作平面垂直的直线。
- 【四点】：以两个点指定直线的方向，再以两个点画出直线。
- 【角度等分线】：以指定的角度画出一条角度等分线。
- 【与曲线垂直】：画出一条与其他曲线垂直的直线。

在【与曲线垂直】选项下还有子选项：两侧（O） 点（P） 两条曲线（O）

  - 【两侧】：在起点的两侧画出物件，创建的物件长度为指定长度的 2 倍。
  - 【点】：可以指定靠近曲线的点，但不会锁定到曲线。

➢【两条曲线】：画出一条与两条曲线垂直的直线。

- 【与曲线相切】：画出一条与其他曲线相切的直线。

在【与曲线相切】选项下的子选项与曲线垂直的子选项相同。

- 【延伸】：以直线延伸一条曲线。
- 【两侧】：在起点的两侧画出物件，创建的物件长度为指定长度的 2 倍。

2. 多重直线

（1）打开【多重直线】命令的方式如下：

- 单击【曲线】→【多重直线】→【多重直线】命令。
- 单击【主要】工具列中【直线】子工具列的【多重直线】按钮 。
- 在指令栏中输入“polyline”。

（2）绘制多重直线的操作方式如下：

在绘制多重直线时，指令行提示窗口会给出选项以供选择：

模式（M） 导线（H） 复原（U） 长度（L） 方向（D） 中心点（E）

- 【模式】：单击【直线】，下一条绘制的是直线线段；选择【圆弧】，下一条绘制的是圆弧线段。
- 【导线】：单击【导线】选项，将打开动态的相切或正交轨迹线，让创建圆弧和直线混合的多重曲线时更方便。
- 【复原】：创建曲线时取消最后一个指定的点。
- 【长度】：设置下一条线段的长度，这个选项只有在直线模式下才会出现。
- 【方向】：指定圆弧起点的切线方向，指定圆弧的终点。
- 【中心点】：指定延伸圆弧的中心点。

3. 配合数个点的直线

（1）打开【配合数个点的直线】命令的方式如下：

- 单击【曲线】→【多重直线】→【通过数个点】命令。
- 单击【主要】工具列中【直线】子工具列的【通过数个点】按钮 。
- 在指令栏中输入“LineThroughPt”。

（2）绘制配合数个点的直线的操作方式为：在使用配合数个点的直线命令时，只需依次选取数个点物件就可以生成通过这些点物件对称轴的直线。

4. 曲线

曲线的绘制相对来说比较复杂，每一个控制点的位置和节点的数量都会决定着曲线的质量，本小节介绍如何绘制一条高质量的曲线。

（1）控制点曲线。通过放置控制点画出的曲线。

1）打开【控制点曲线】命令的方式如下：

- 单击【曲线】→【自由造型】→【控制点】命令。
- 单击【主要】工具列中的【控制点曲线】按钮 。
- 在指令栏中输入“curve”。

2）绘制【控制点曲线】的操作方式如下：

在使用【控制点曲线】命令绘制曲线时，指令行提示窗口会给出选项以供选择：

自动封闭（A） 阶数（D） 复原（U） 封闭（C） 尖锐封闭（S）

- 【自动封闭】：创建曲线时移动鼠标光标至曲线的起点附近，按一下鼠标左键曲线会自动封闭。按住 Alt 键可以暂时停用自动封闭功能。
- 【阶数】：创建的曲线的阶数最大可以设为 11。所创建的曲线的控制点数必须比设置的阶数大 1 或以上，创建的曲线才会是所设置的阶数。
- 【复原】：创建曲线时取消最后一个指定的点。
- 【封闭】：使曲线平滑的封闭，创建周期曲线。
- 【尖锐封闭】：选择【是】时，创建的是起点或终点为锐角的曲线，而非平滑的周期曲线。

提示：绘制控制点曲线时，只要放置的控制点数目小于或等于设置的曲线阶数，创建的曲线的阶数为（控制点数 –1）。

（2）内插点曲线。画出一条通过指定点的曲线。

1）打开【内插点曲线】命令的方式如下：

- 单击【曲线】→【自由造型】→【内插点】命令。
- 单击【主要】工具列中【曲线】子工具列的【内插点】按钮 。
- 在指令栏中输入“InterpCrv”。

2）绘制内插点曲线的操作方式如下：

在使用【内插点曲线】命令绘制曲线时，指令行提示窗口会给出选项以供选择：

自动封闭（A） 阶数（D） 节点（K） 封闭（C） 尖锐封闭（S） 复原（U）

- 【自动封闭】：创建曲线时移动鼠标光标至曲线的起点附近，按一下鼠标左键曲线会自动封闭。按住 Alt 键可以暂时停用自动封闭功能。
- 【阶数】：创建的曲线的阶数最大可以设为 11。所创建的曲线的控制点数必须比设置的阶数大 1 或以上，创建的曲线才会是所设置的阶数。
- 【节点】：决定内插点曲线如何参数化，当内插点曲线的每一个指定点的间距都相同时，三种参数化创建的曲线完全一样。创建内插点曲线时，指定的插入点会转换为曲线节点的参数值，参数化的意思是如何决定节点的参数间距：

选择【均匀】时：节点的参数间距都是 1，节点的参数间距并不是节点之间的实际距离，当节点之间的实际距离大约相同时，可以使用均匀的参数化。除了将曲线重建以外，只有均匀的参数化可以分别建立数条参数化相同的曲线。不论如何移动控制点改变曲线的形状，参数化均匀的曲线的每一个控制点对曲线的形状都有相同的控制力，曲面也有相同的情形。

选择【弦长】时：以内插点之间的距离作为节点的参数间距，当曲线插入点的距离差异非常大时，以弦长参数化创建的曲线会比均匀的参数化好。

选择弦长平方根时：以内插点之间的距离的平方根作为节点的参数间距。

- 【封闭】：使曲线平滑封闭，创建周期曲线。
- 【尖锐封闭】：选择【是】时，创建的是起点或终点为锐角的曲线，而非平滑的周期曲线。
- 【复原】：创建曲线时取消最后一个指定的点。

（3）曲面上的内插点曲线。画出一条通过曲面上指定点的曲线。

1）打开【曲面上的内插点曲线】命令的方式如下：

- 单击【曲线】→【自由造型】→【曲面上内插点】命令。
- 单击【主要】工具列中【曲线】子工具列的【曲面上内插点】按钮 。
- 在指令栏中输入“InterpcrvOnSrf”。

2）绘制曲面上的内插点曲线的操作方式如下：

在使用【曲面上的内插点曲线】命令绘制曲线时，指令行提示窗口会给出选项以供选择：

自动封闭（A） 封闭（C） 复原（U）

- 【自动封闭】：创建曲线时移动鼠标光标至曲线的起点附近，按一下鼠标左键曲线会自动封闭。按住 Alt 键可以暂时停用自动封闭功能。
- 【封闭】：使曲线平滑的封闭，创建周期曲线。
- 【复原】：创建曲线时取消最后一个指定的点。

提示：在曲面上画曲线时无法跨越曲面的边缘或接缝。可以配合物件锁点端点、中心点、中点、最近点、节点、交点使用。使用方法在 2.2.1 小节中有详细介绍。

（4）控制杆曲线。画出 2D 绘图程序（如 Photoshop、Illustrator 等）常见的贝兹曲线。

1）打开【控制杆曲线】命令的方式如下：

- 单击【曲线】→【自由造型】→【控制杆曲线】命令。
- 单击【主要】工具列中【曲线】子工具列中的【控制杆曲线】按钮 。
- 在指令栏中输入“HandleCurve”。

2）绘制控制杆曲线的操作方式如下：

在使用【控制杆曲线】命令绘制曲线时，指令行提示窗口会给出选项以供选择：

复原（U） Alt 键 Ctrl 键

- 【复原】：创建曲线时取消最后一个指定的点。
- 【Alt 键】：按住 Alt 键可以创建一个锐角点。
- 【Ctrl 键】：按住 Ctrl 键移动最后一个曲线点的位置，放开 Ctrl 键继续放置控制杆点。

（5）描绘。拖曳鼠标光标描绘曲线。

1）打开【描绘】命令的方式如下：

- 单击【曲线】→【自由造型】→【描绘】命令。
- 单击【主要】工具列中【曲线】子工具列的【描绘】按钮 。
- 在指令栏中输入“Sketch”。

2）绘制描绘曲线的操作方式如下：

在使用【描绘曲线】命令绘制曲线时，指令行提示窗口会给出选项以供选择：

封闭（C） 平面的（P） 曲面上（O） 网格上（N）

- 【封闭】：创建一条封闭的曲线。开始描绘曲线时，选择【是】时，在结束描绘曲线时曲线会自动封闭。
- 【平面的】：创建平面曲线。

- 【曲面上】：在曲面上描绘曲线。
- 【网格上】：在网格上描绘曲线。

（6）练习——自己名字、钥匙的绘制。

具体操作步骤略。

提示：将曲线与直线绘制结合起来，在绘制过程中及时调整曲线点的位置，由此来使绘制出来的图形更符合自己的要求。

2.2.3 面的使用

平面曲面是曲面当中最为基础和简单的一种曲面形式。其特点是，曲面上的所有点或者线都在一个平面上，故称为平面曲面。

1. 平面曲面

（1）打开【平面曲面】命令的方式如下：

- 单击【曲面】→【平面】命令。
- 单击【主要】工具列中【曲面】子工具列的【平面】按钮 。
- 在指令栏中输入“Plane”。

（2）绘制平面曲面的操作方式如下：

在使用【平面曲面】命令绘制曲面时，指令行提示窗口会给出选项以供选择：

三点（P） 垂直（V） 中心点（C） 可塑形的（D）

- 【三点】：以两个相邻的角和对边上的一点画出矩形。
- 【垂直】：画一个与工作平面垂直的矩形。
- 【中心点】：从中心点画出矩形。
- 【可塑形的】：可设置平面 UV 方向的阶数和点数，包括了 U 阶数（U） V 阶数（D） U 点数（O） V 点数（I） 子选项
- 【U 阶数】【V 阶数】：设置曲面 U 和 V 方向的阶数。
- 【U 点数】【V 点数】：设置曲面 U 和 V 方向的点数，点数至少是阶数加 1。

（3）绘制平面曲面的步骤如下：

- 指定第一角。
- 指定其他角，或输入长度。

2. 角点生成曲面

【角点生成曲面】是通过确定三个或四个角点生成曲面的方法。

（1）打开【指定三或四个角建立曲面】命令的方式如下：

- 单击【曲面】→【角点】命令。
- 单击【主要】工具列中【曲面】子工具列的【角点】按钮 。
- 在指令栏中输入“SrfPt”。

（2）绘制角点生成曲面的步骤如下：

- 指定第一角。

- 指定第二角。
- 指定第三角。
- 指定第四角或按 Enter 键创建一个三角形的曲面。

提示：指定点时跨越到其他视图视窗或使用垂直方式可以创建非平面的曲面，即通过角点生成的曲面并非平面曲面，如图 2.16 所示。

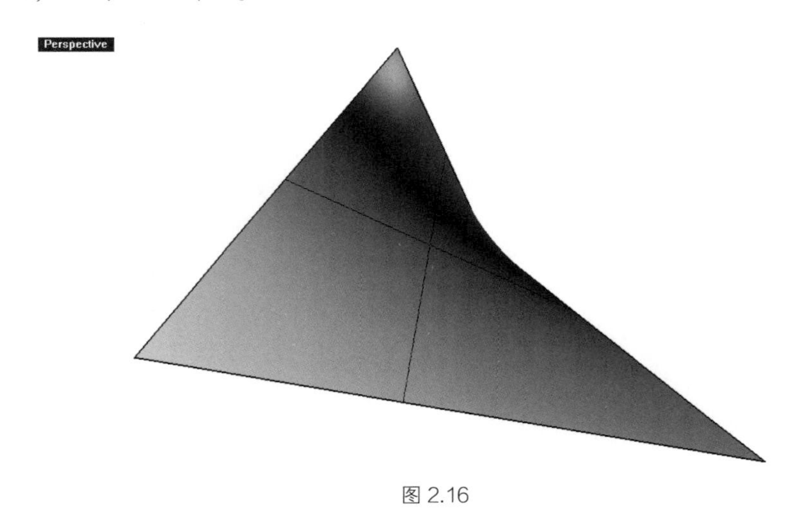

图 2.16

3. 从边界生成曲面

【从边界生成曲面】是以两条、三条或四条曲线建立曲面。创建方法灵活，但缺点是无法控制内部曲面，边界无法连续；优点是曲面质量较好，自由度较高。

（1）打开【以二、三或四个边缘曲线创建曲面】命令的方式如下：

- 单击【曲面】→【边缘曲线】命令。
- 单击【主要】工具列中【曲面】子工具列的【以二、三或者四个边缘曲线创建曲面】按钮 。
- 在指令栏中输入“EdgeSrf”。

（2）绘制边界生成曲面的类别如下：

- 以两条曲线生成的曲面，如图 2.17 所示。

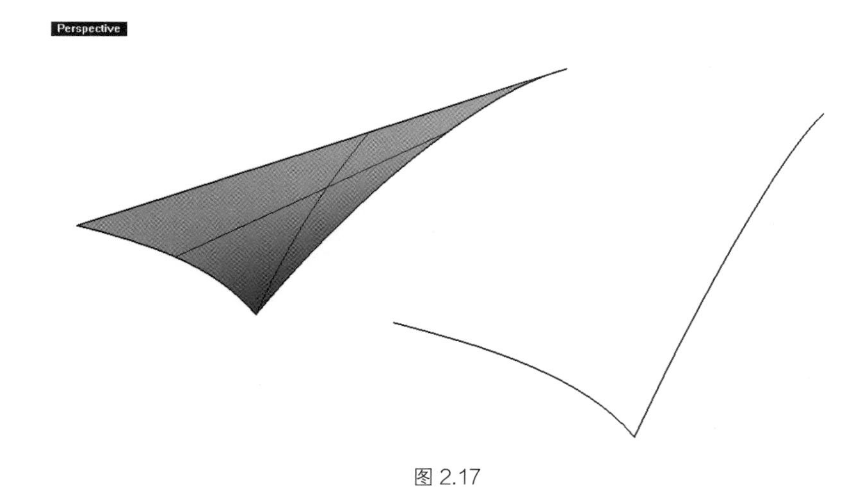

图 2.17

• 以三条曲线生成的曲面，如图 2.18 所示

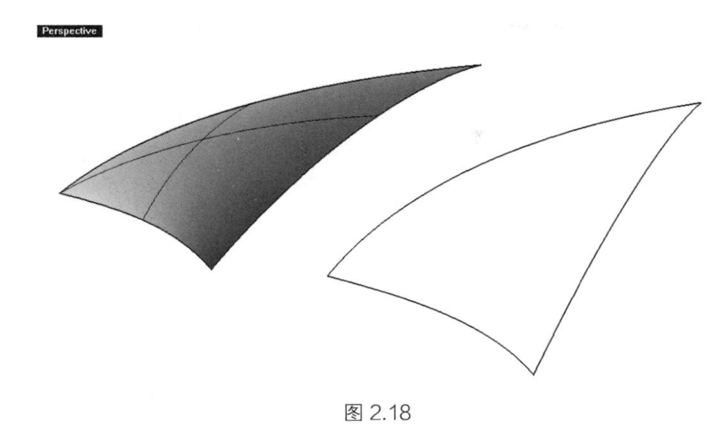

图 2.18

• 以四条曲线生成的曲面，如图 2.19 所示。

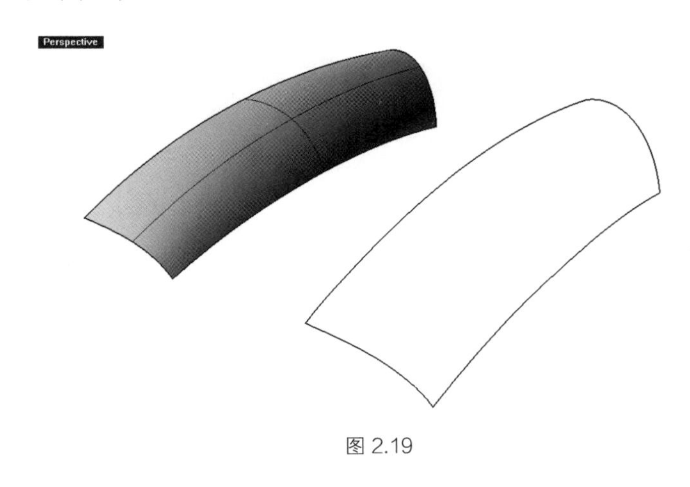

图 2.19

4. 从平面线生成曲面

【从平面线生成曲面】是从网格曲线创建曲面的方法。此命令就好像使用一张纵横交错的大网来构建曲面。

（1）打开【从网线创建曲面】命令的方式如下：

• 单击【曲面】→【平面曲线】命令。

• 单击【主要】工具列中【曲面】子工具列的【平面曲线】按钮 。

• 在指令栏中输入“PlanarSrf”。

（2）绘制从平面线生成曲面的操作方式如下：

使用【从平面线生成曲面】命令绘制曲面时，方法很简单，只需选择封闭的平面曲线后，确定即可。

5. 挤出曲线生成曲面

【挤出曲线生成曲面】命令可分为 4 种不同的方式：直线挤出曲面、沿着曲线挤出曲面、挤出曲面成锥状和挤出曲面至点。

（1）直线挤出曲面。

1）打开【直线挤出】命令的方式如下：

• 单击【曲面】→【挤出曲线】→【直线】命令。

• 单击【主要】工具列中【曲面】子工具列的【直线挤出】按钮 。

• 在指令栏中输入“ExtrudeSrf”。

2）使用【直线挤出】命令的操作方式如下：

在使用【直线挤出】命令拉伸曲线时，指令行提示窗口会给出选项以供选择：

方向（D） 两侧（B） 加盖（C） 删除输入物体（E）

•【方向】：首先指定一个基准点，然后指定第二点设置方向角度。

•【两侧】：在起点的两侧画出物件，创建的物件长度为指定长度的 2 倍。

•【加盖】：如果挤出的曲线是封闭的平面曲线，挤出后的曲面两端会各创建一个平面，并将挤出的曲面与两端的平面组合为封闭的多重曲面。

•【删除输入物体】：选择【是】时，用于创建新物件的物件会被删除。

3）完成【直线挤出】命令的曲面，如图 2.20 所示。

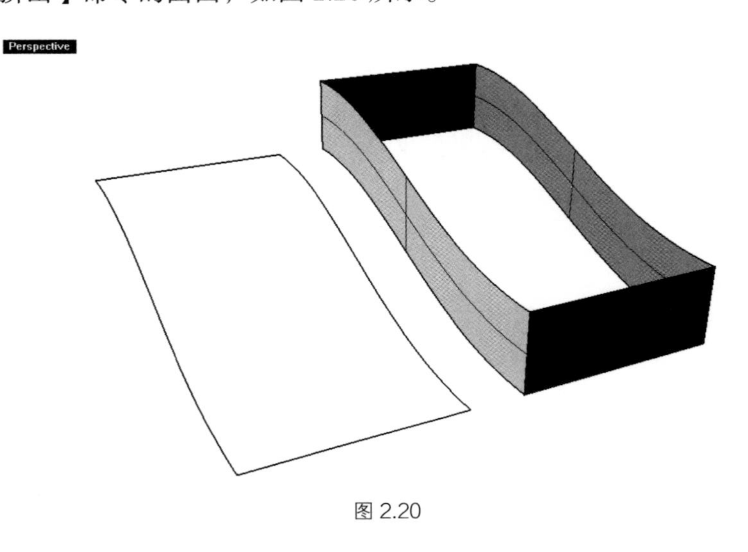

图 2.20

（2）沿曲线挤出曲面。

1）打开【沿着曲线挤出】命令的方式如下：

• 单击【曲面】→【挤出曲线】→【沿着曲线】命令。

• 单击【曲面】工具列中【挤出】子工具列的【沿着曲线挤出】按钮 。

• 在指令栏中输入“ExtrudeSrfAlongCrv”。

2）使用【沿着曲线挤出】命令的操作方式如下：

在使用【沿着曲线挤出】命令拉伸曲线时，指令行提示窗口会给出选项以供选择：

加盖（C） 删除输入物件（D） 子曲线（S）

•【加盖】：如果挤出的曲线是封闭的平面曲线，挤出后的曲面两端会各创建一个平面，并将挤出的曲面与两端的平面组合为封闭的多重曲面。

•【删除输入物件】：选择【是】时，用于创建新物件的物件会被删除。

•【子曲线】：选择【是】时，在路径曲线指定两个点为曲线挤出的距离。曲线是由它所在的位置为挤出的基点，而不是由路径曲线的起点开始挤出，在路径曲线指定的两个点只决定沿路径曲线挤出的距离。

3）完成【沿着曲线挤出】命令的曲面，如图 2.21 所示。

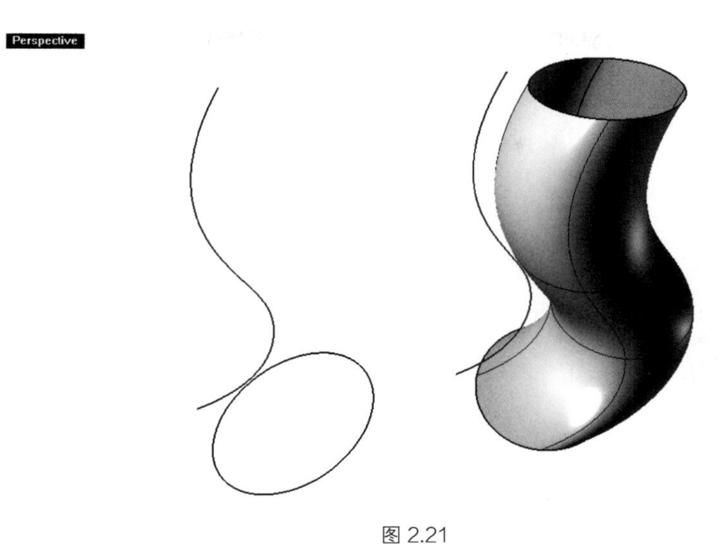

图 2.21

第3章
Chapter 3

从平面到立体

3.1 基本几何体的创建

3.1.1 长方体、球体、圆柱体

1. 长方体的绘制

以立方体底面的矩形和高度或是以对角创建一个长方体，如图 3.1 所示。

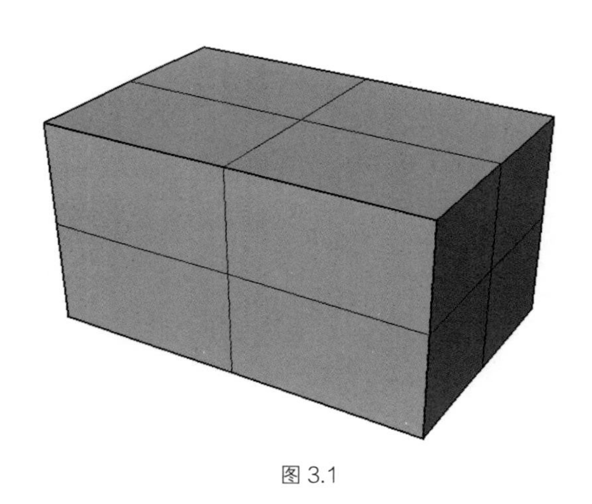

图 3.1

（1）打开【立方体】命令的方式如下：

- 单击【实体】→【立方体】命令。
- 单击【主要 1】工具列中【实体】子工具列的【立方体】按钮 。
- 在指令栏中输入“Box”。

（2）使用【立方体】命令的操作方式如下：

在使用【立方体】命令绘制立方体时，指令行提示窗口会给出选项以供选择：

对角线（D） 正立方体（C） 三点（P） 垂直（V） 中心点（C）

- 【对角线】：以两个对角画出立方体，没有其他选项可以设置。
- 【正立方体】：以对角线指定高度。
- 【三点】：以两个相邻的角和对边上的一点画出矩形。
- 【垂直】：画一个与工作平面垂直的矩形。
- 【中心点】：从中心点画出底面矩形。

提示：立方体底面的矩形同时决定立方体的大小及位置，画出底面矩形时的步骤和使用【矩形】指令绘制矩形是一样的。

2. 球体的绘制

在 Rhino 中球体分为圆球体和椭圆体两大类。

（1）圆球体。与绘制圆形曲线相似，指定球体半径即可绘制球体，如图 3.2 所示。

图 3.2

1）打开【球体】命令的方式如下：

- 单击【实体】→【球体】命令。
- 单击【主要 1】工具列中【实体】子工具列的【球体】按钮 。
- 在指令栏中输入“Sphere”。

2）使用【球体】命令的操作方式如下：

在使用【球体】命令绘制圆球体时，指令行提示窗口会给出选项以供选择：

两点（P） 三点（O） 相切（T） 环绕曲线（A） 四点（T） 配合点（F）

- 【两点】：以直径的两个端点画一个圆，生成球体。
- 【三点】：以圆周上的三个点画一个圆，生成球体。
- 【相切】：画一个与数条曲线相切的圆，生成球体。
- 【环绕曲线】：画出一个与曲线垂直的圆，生成球体。
- 【四点】：画出通过前三个点的基底圆形，以第四个点决定球体的大小。
- 【配合点】：画出一个配合数个点的圆，生成球体。

（2）椭圆体。以边框方块的角、三个轴的端点、从焦点、环绕曲线不同的方式创建实体的椭圆体，如图 3.3 所示。

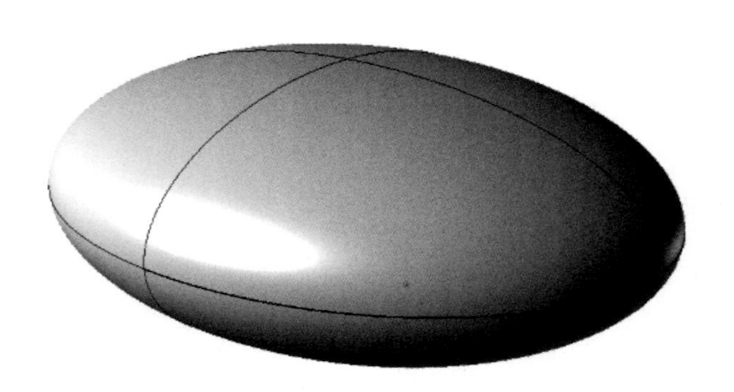

图 3.3

1）打开【椭圆体】命令的方式如下：

- 单击【实体】→【椭圆体】命令。
- 单击【主要 1】工具列中【实体】子工具列的【椭圆体】按钮 。
- 在指令栏中输入 “Ellipsoid”。

2）使用【椭圆体】命令的操作方式如下：

在使用【椭圆体】命令绘制椭圆体时，指令行提示窗口会给出选项以供选择：

角（C） 直径（D） 从焦点（F） 环绕曲线（A）

- 【角】：以一个矩形的对角画出一个椭圆，生成椭圆体。
- 【直径】：以轴线的端点画一个椭圆，生成椭圆体。
- 【从焦点】：以椭圆的两个焦点及通过点画出一个椭圆，生成椭圆体。
- 【环绕曲线】：画出一个环绕曲线的椭圆，生成椭圆体。

提示：画出第一个椭圆的方法和使用【椭圆曲线】指令绘制椭圆是一样的。

3. 圆柱体的绘制

先绘制圆柱体底面圆形再设置其高度的方法来绘制圆柱体，如图 3.4 所示。

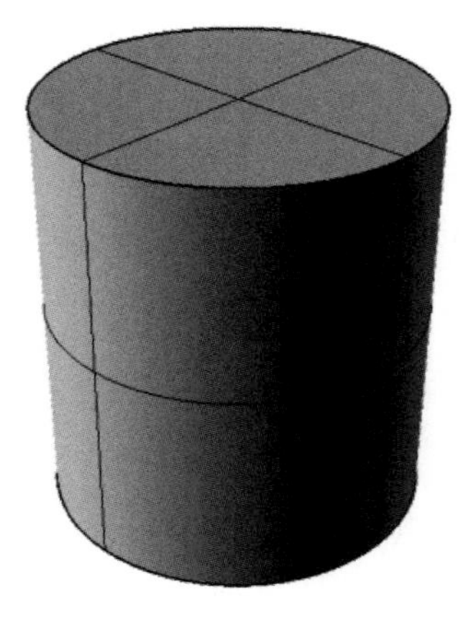

图 3.4

（1）打开【圆柱体】命令的方式如下：

- 单击【实体】→【圆柱体】命令。

- 单击【主要1】工具列中【实体】子工具列的【圆柱体】按钮 。
- 在指令栏中输入“Cylinder”。

（2）使用【圆柱体】命令的操作方式如下：

在使用【圆柱体】命令绘制圆柱体时，指令行提示窗口会给出选项以供选择：

方向限制（D） 两点（P） 三点（O） 相切（T） 配合点（F）

- 【方向限制】：选择【无】时，方向限制的基准点可以是3D空间中的任何一点；选择【垂直】时，画一个与工作平面垂直的圆；选择【环绕曲线】时，画一个与曲线垂直的圆。
- 【两点】：以直径的两个端点画一个底面圆形。
- 【三点】：以圆周上的三个点画一个底面圆形。
- 【相切】：画一个与数条曲线相切的底面圆形。
- 【配合点】：画出一个配合数个点的底面圆形。

3.1.2 圆锥体、棱锥体、平顶锥体

在Rhino中椎体分为圆锥体、棱锥体和平顶锥体三大类。

1. 圆锥体

先绘制底面圆形再设置高度的方法绘制圆锥体，如图3.5所示。

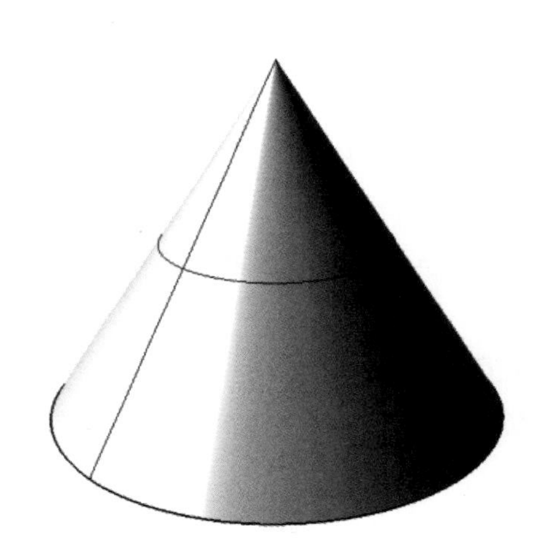

图3.5

（1）打开【圆锥体】命令的方式如下：

- 单击【实体】→【圆锥体】命令。
- 单击【主要1】工具列中【实体】子工具列的【圆锥体】按钮 。
- 在指令栏中输入“Cone”。

（2）使用【圆锥体】命令的操作方式如下：

在使用【圆锥体】命令绘制圆锥体时，指令行提示窗口会给出选项以供选择：

方向限制（D） 两点（P） 三点（O） 正切（T） 逼近数个点（F）

- 【方向限制】：选择【无】时，方向限制的基准点可以是3D空间中的任何一点；选择【垂直】时，画一个与工作平面垂直的圆；选择【环绕曲线】时，画一个与曲线垂直的圆。

- 【两点】：以直径的两个端点画一个底面圆形。
- 【三点】：以圆周上的三个点画一个底面圆形。
- 【正切】：画一个与三条曲线相切的底面圆形。
- 【逼近数个点】：画出一个配合数个点的底面圆形。

提示：画出圆锥体底面圆形的方法和使用【圆形】指令绘制圆形是一样的。

2. 棱锥体

先绘制底面圆形再设置高度的方法绘制棱锥体，如图 3.6 所示。

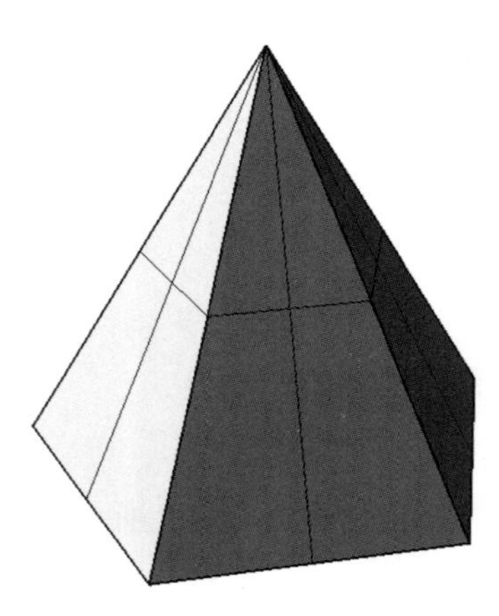

图 3.6

（1）打开【棱锥体】命令的方式如下：

- 单击【实体】→【棱锥体】命令。
- 单击【主要 1】工具列中【实体】子工具列的【棱锥体】按钮 。
- 在指令栏中输入“Pyramid”。

（2）使用【棱锥体】命令的操作方式如下：

在使用【棱锥体】命令绘制棱锥体时，指令行提示窗口会给出选项以供选择：

边数（N） 外切（C） 边（E） 星形（S） 方向限制（D）

【边数】：指定底座多边形边的数目。

【外切】：指定一个不可见的圆的半径，创建边的中点与圆相切的多边形底座。

【边】：以画出一个边的方式创建多边形底座。

【星形】：创建星形的多边形底座。

【方向限制】：方向限制选项同圆锥体。

3. 平顶锥体

绘制平顶锥体的操作方式与前面两者的绘制基本相同，只是在锥体高度后，平顶锥体还需要顶面圆的半径或者直径，在指令栏中输入具体数据或鼠标左击格点。

3.1.3 管体的绘制

在 Rhino 5.0 中管体分为圆柱管和圆管两大类。

（1）圆柱管。圆柱管就是一个中间有圆柱洞的圆柱体。首先分别绘制底面上的两个同心圆，再确定圆柱管高度，完成圆柱管的绘制，如图 3.7 所示。

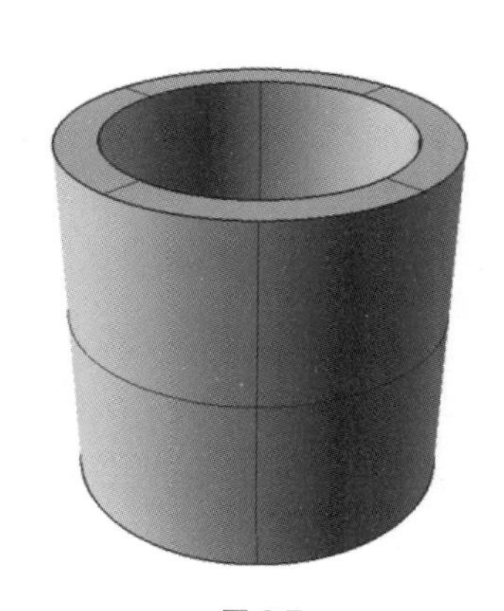

图 3.7

1）打开【圆柱管】命令的方式如下：

- 单击【实体】→【圆柱管】命令。
- 单击【主要 1】工具列中【实体】子工具列的【圆柱管】按钮 。
- 在指令栏中输入“Tube”。

2）使用【圆柱管】命令的操作方式如下：

在使用【圆柱管】命令绘制圆柱管时，指令行提示窗口会给出选项以供选择：

半径（R） 方向限制（D） 两点（P） 三点（O） 相切（T） 配合点（F）

【半径】：以中心点和半径画两个同心圆。

【方向限制】：选择【无】时，方向限制的基准点可以是 3D 空间中的任何一点；选择【垂直】时，画一个与工作平面垂直的圆；选择【环绕曲线】时，画一个与曲线垂直的圆。

【两点】：以直径的两个端点画两个同心圆。

【三点】：以圆周上的三个点画两个同心圆。

【相切】：画两个与数条曲线相切的同心圆。

【配合点】：画出两个配合数个点的同心圆。

（2）圆管。沿着曲线创建一个圆管曲面，并可分别设定圆管两端圆的尺寸，如图 3.8 所示。

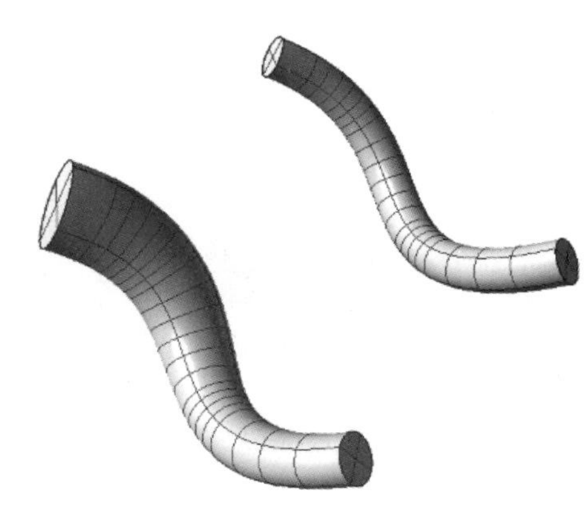

图 3.8

1）打开【圆管】命令的方式如下：

- 单击【实体】→【圆管】命令。
- 单击【主要 1】工具列中【实体】子工具列的【圆管】按钮 。
- 在指令栏中输入“Pipe”。

2）使用【圆管】命令的操作方式如下：

在使用【圆管】命令绘制圆柱管时，指令行提示窗口会给出选项以供选择：

直径（D） 有厚度（T） 加盖（C） 渐变形式（S）

- 【直径】：可以切换以半径或直径创建圆。
- 【有厚度】：选择【否】时，创建实心的圆管；选择【是】时，创建空心的圆管，并分别设置不同的第一半径和第二半径。
- 【加盖】：设置是圆管两端的加盖形式，【无】：不加盖；【平头】：以平面加盖；【圆头】：以半球曲面加盖，如图 3.9 所示。

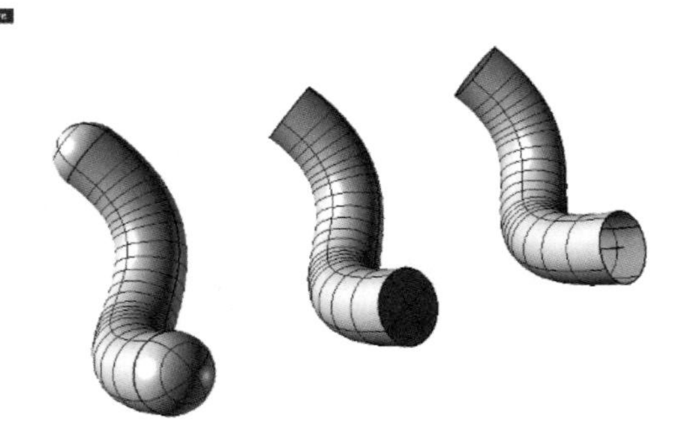

图 3.9

- 【渐变形式】：包括【局部】和【整体】两种。【局部】：圆管的半径在两端附近变化较小，在中段变化较大。如果用来创建圆管的曲线是由直线和圆弧组成的多重曲线，局部渐变可以创建单一曲面的圆管。【整体】：圆管的半径由起点至终点呈线性渐变，就像是创建平顶圆锥体一样。如果用来创建圆管的曲线是由直线和圆弧组成的多重曲线，多重曲线中的每一个线段会分别创建一个单一曲面，再组合成圆管。

3.2 零件练习

根据给定图形创建形体，如图 3.10 所示。

图 3.10

第4章

Chapter 4

基本几何形体练习——音箱与遥控器

4.1 音箱建模

4.1.1 建模思路

这款音箱主要是以椭圆体为主体，加之细节的刻画，可以用先整体后局部的建模思路，完成整个模型。

关键操作：【立方体】、【布尔运算差集】、【投影曲线】、【旋转成型】。

4.1.2 建模步骤

（1）首先新建文件，进入Rhino界面。

（2）导入背景图。单击【四个工作视窗】下拉菜单中的【背景图】按钮，导入Top视图、Front视图和Right视图。注意调整比例大小，如图4.1所示。

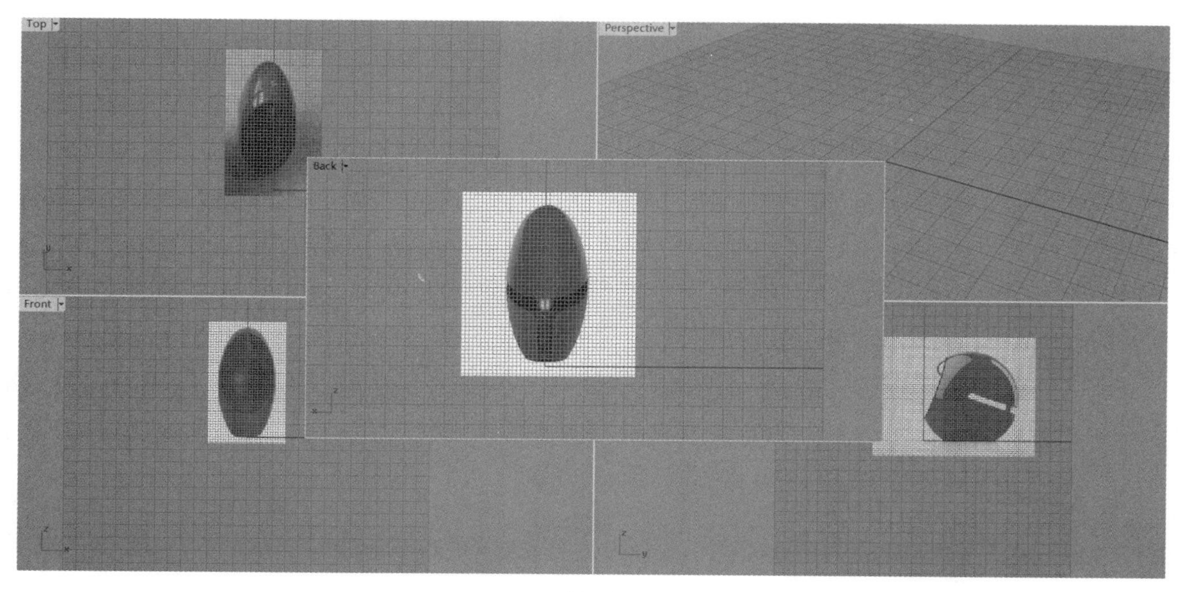

图4.1

（3）创建椭圆体。单击【立方体】按钮下的【椭圆体】按钮，绘制一个椭圆体，以 Right 视图与 Front 视图为准确定椭圆，并调整各背景图的位置和大小，如图 4.2 所示。创建新图层并命名为“主体”，改变图层颜色，如图 4.3 所示。

图 4.2

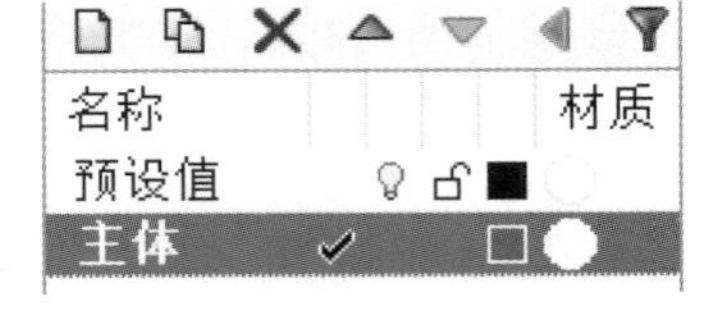

图 4.3

（4）削减出整个形态。

1）利用【控制点曲线】工具与【多重折线】工具画出相应的线条，并用【打开控制点】、【混接曲线】与【组合】工具进行调整，得到的效果如图 4.4 所示。

2）创建线图层，并改变颜色，采用【全部选取】隐藏工具栏里的【选取曲线】工具拾取线条并改变图层。利用【线切割】工具对整个形体进行裁剪，得到如图 4.5 所示的形体，去掉多余部分。

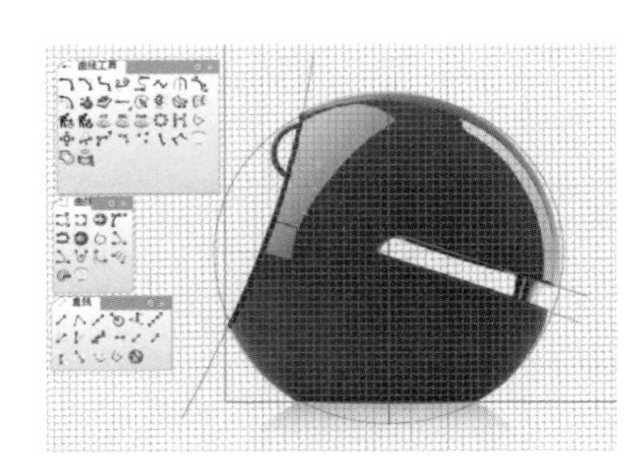
图 4.4

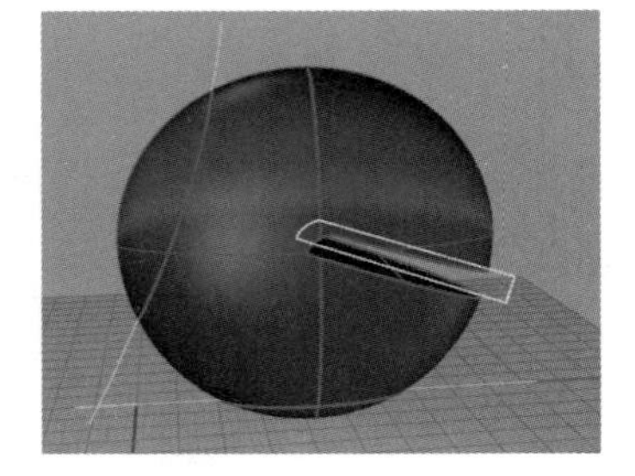
图 4.5

3）在后视图根据背景图绘制相关的曲线，利用【控制点曲线】、【投影曲线】、【镜像】3 个工具完成，用【复制边缘】工具复制曲面边缘，并用【修剪】工具对多余的线条进行裁剪，最终得到如图 4.6 所示的线条。用【组合】工具进行组合。然后用【分割】工具对整体进行分割，创建图层，并进行颜色调整，得到如图 4.7 所示的效果。

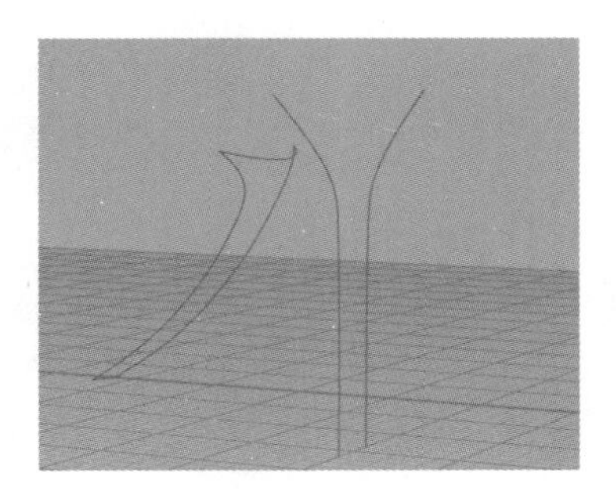
图 4.6

图 4.7

4）用【多重折线】工具进行分模线的绘制，并用【线切割】工具对整体的分模线进行制作，得到如图 4.8 所示的效果。用【不等距边缘斜角】工具对前面进行倒角制作，用【不等距边缘圆角】工具对分模线及细节进行倒圆角制作，得到如图 4.9 所示的效果。至此，整体部分完成。

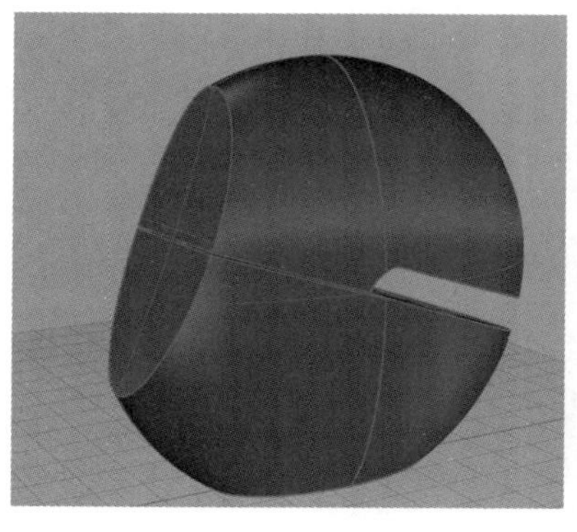

图 4.8

图 4.9

（5）制作扬声器。

1）用【多重折线】、【圆】、【修剪】、【组合】工具绘制如图 4.10 所示的扬声器轮廓，并使用【旋转成型】工具对扬声器成型，新建图层并改变图层颜色，效果如图 4.11 所示。

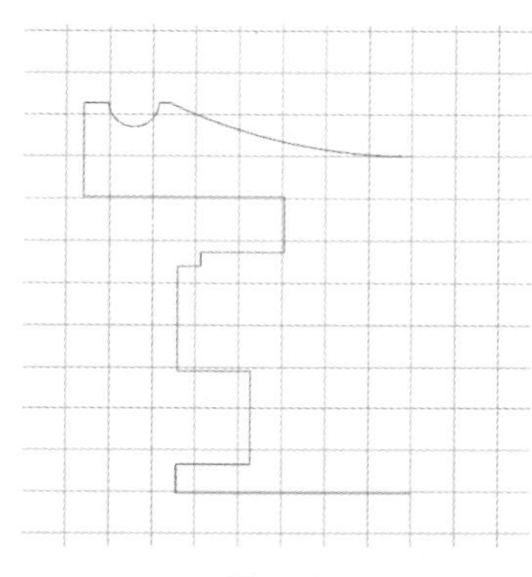

图 4.10

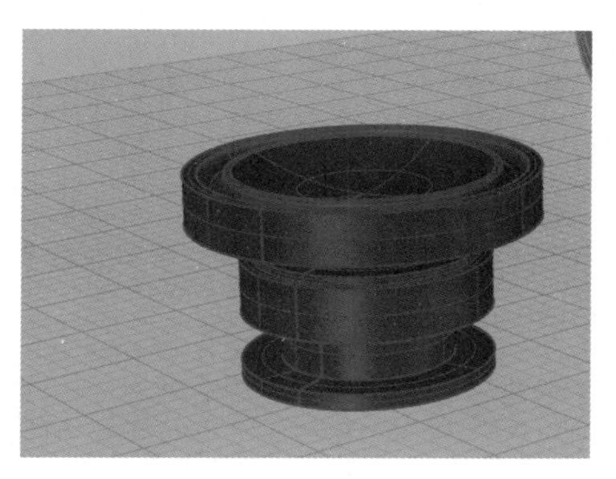

图 4.11

2）用【控制点曲线】、【镜像】、【单轴缩放】（在【缩放】隐藏工具栏中）、【环形阵列】工具在 Top 视图中绘制扬声器细节，得到如图 4.12 所示的效果。然后用【修剪】工具修剪出扬声器的孔，效果如图 4.13 所示。

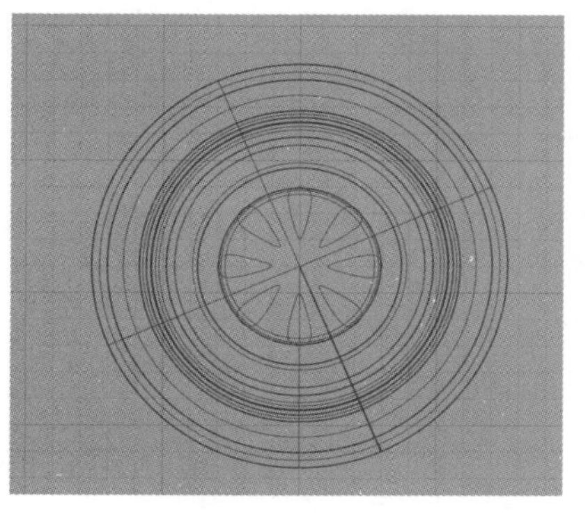

图 4.12

图 4.13

3）创建一个等大的圆柱体然后用【布尔运算差集】工具对主体进行分割。用【不等距边缘圆角】工具进行导圆角，并用【旋转】工具调整角度进行扬声器的安放，最终效果如图 4.14 所示。

图 4.14

（6）按钮的创建。

1）用相同的方法对上边的按钮进行分割，并用【椭圆】工具 创建按钮，再用【曲线】工具 画出线条，同时用【圆管】工具 完成管的制作，从而完成细节，如图 4.15 所示。

2）用【曲线圆角】、【矩形】工具进行小按钮的边框制作，同时用以上命令制作边框，把整个的小按钮制作出来，如图 4.16 所示。

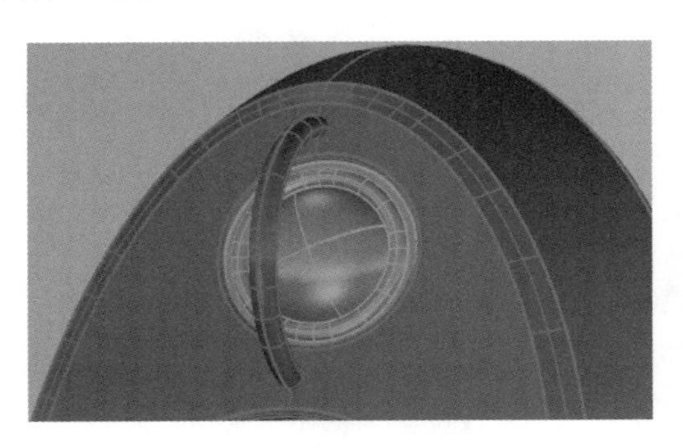

图 4.15

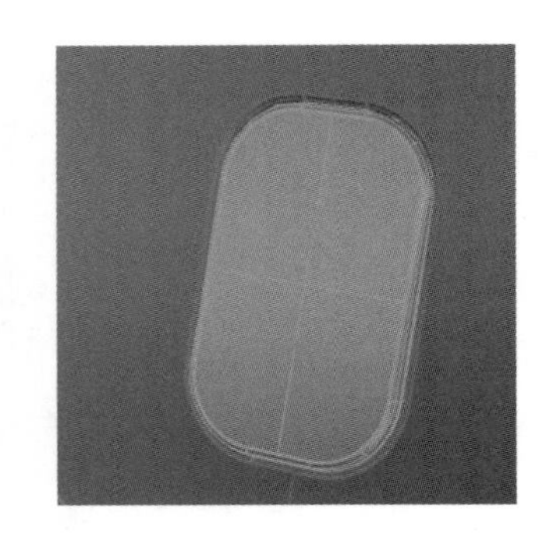

图 4.16

（7）其他小细节的制作。

1）用【控制点曲线】、【多重直线】、【修剪】工具绘制以下曲线，如图 4.17 所示。用【旋转成型】工具 制作成实体，如图 4.18 所示。

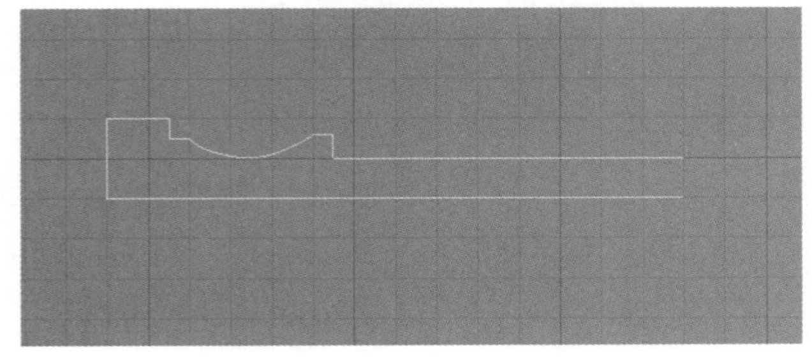

图 4.17

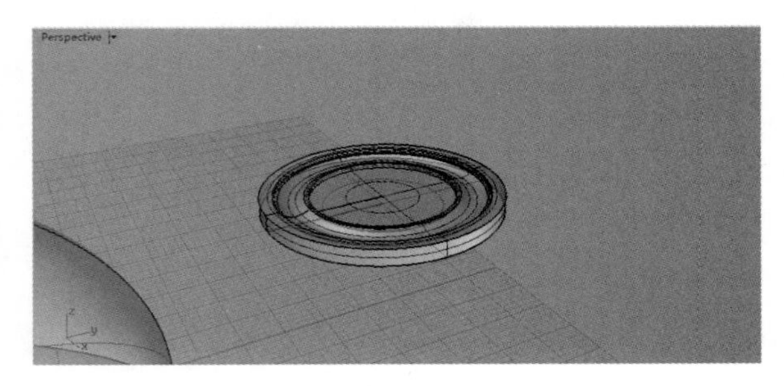

图 4.18

2）调整角度，放在合适的位置。同时用【平顶锥体】工具创建连接的金属件，分层并改变颜色。接下来用【布尔差集运算】工具掏出小洞，用【矩形阵列】工具添加小方块增加细节，效果如图 4.19 所示。

（8）音箱建模完成，效果如图 4.20 和图 4.21 所示。

图 4.19

图 4.20

图 4.21

4.2 遥控器模型制作

4.2.1 建模思路

此产品主要为一个类似椭圆柱体的壳体加入按键，先制作壳体再完成按键，从而完成整个遥控器的制作。

关键操作:【立方体】、【布尔运算差集】。

4.2.2 建模步骤

（1）制作壳体。

1）利用【控制点曲线】和【多重直线】工具画出壳体截面图，如图 4.22 所示。

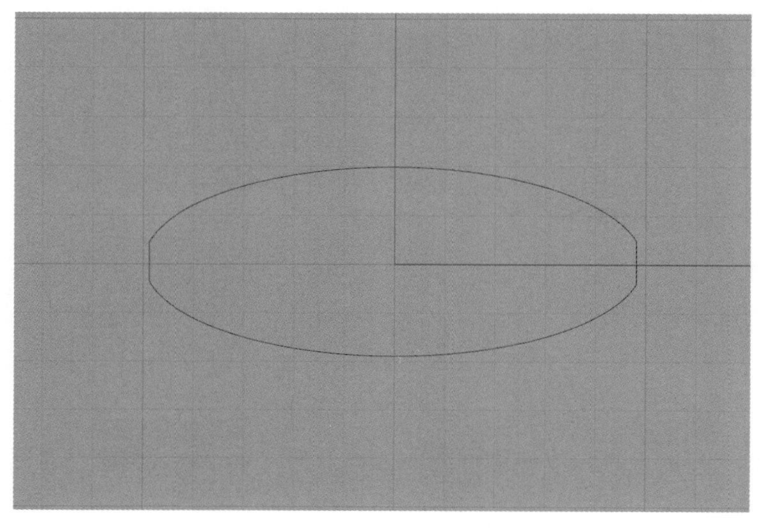

图 4.22

2）利用【挤出封闭的平面曲线】工具 拉伸成体，利用【分割】工具 截出中间的缝隙，如图 4.23 所示。

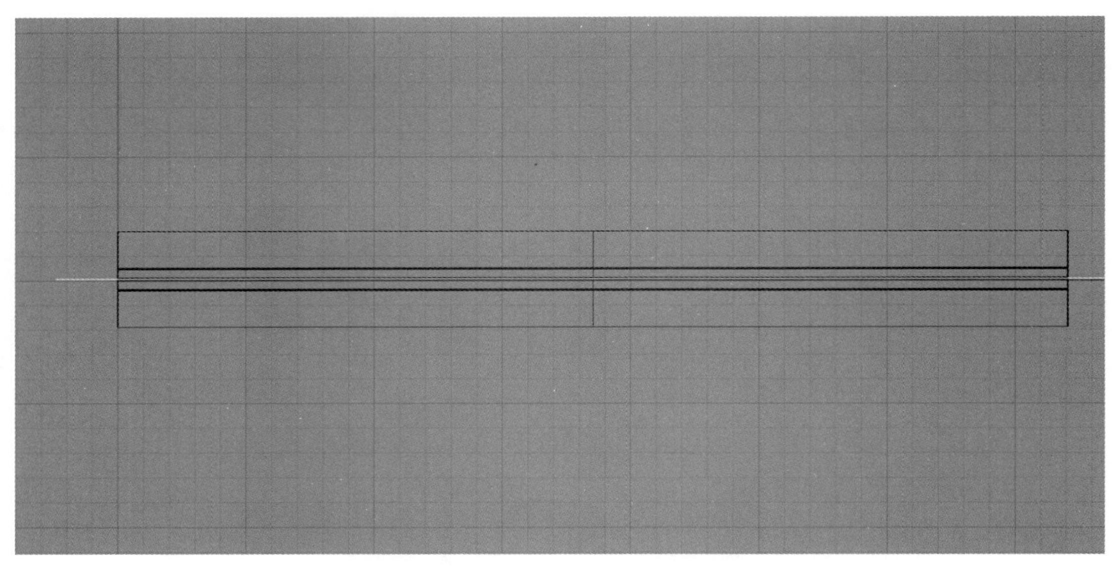

图 4.23

（2）按键的制作。

1）利用【环状体】工具 做出环形按键，通过【弯曲】工具 调节按键形态，如图 4.24 所示。

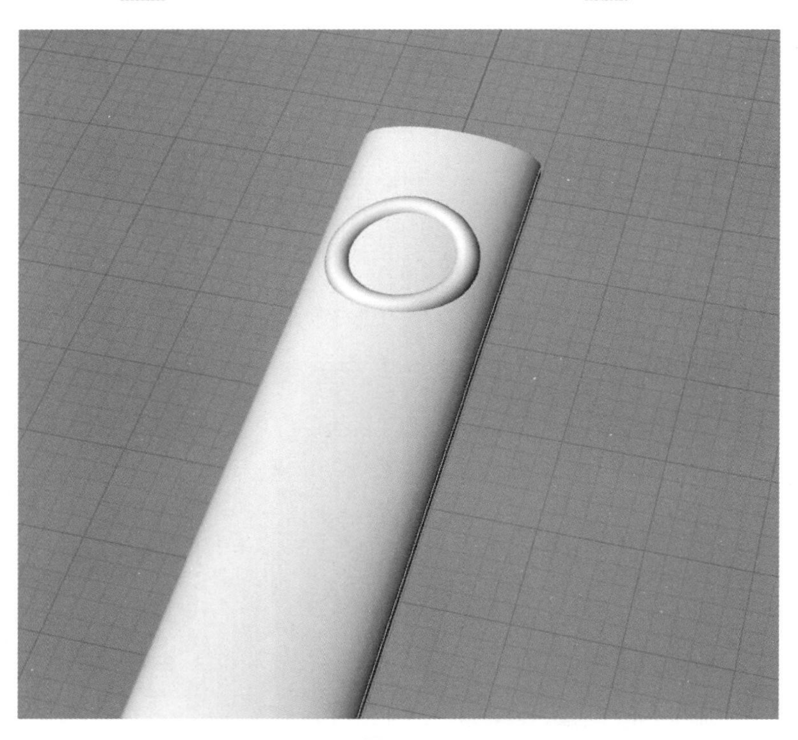

图 4.24

2）创建圆柱体和长方体，将长方体进行圆角处理，利用【布尔运算差集】工具 切除得到凹陷形态，如图 4.25 所示。

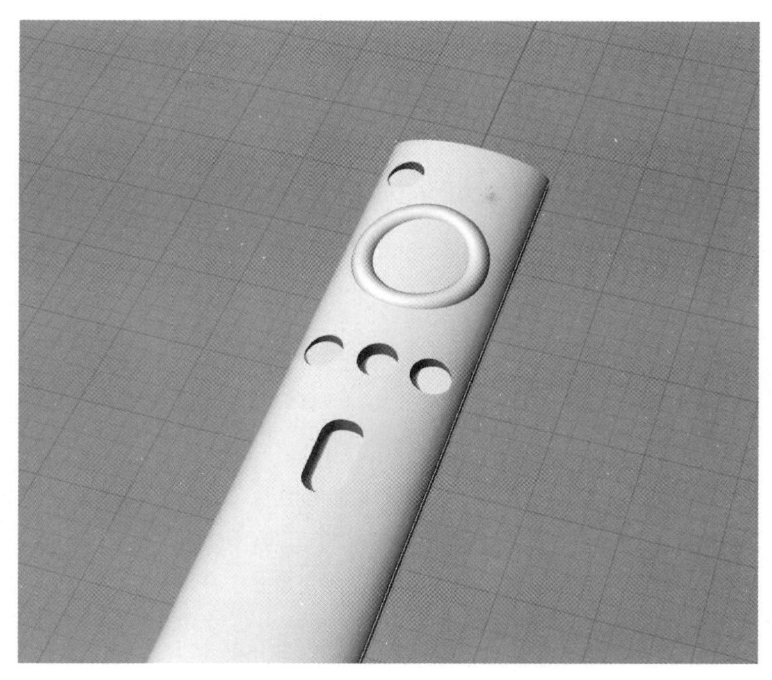

图 4.25

3）创建椭圆体和倒角的长方体，通过【旋转】工具 调整到合适位置，如图 4.26 所示。

图 4.26

4）利用【多重直线】 和【控制点曲线】 工具画出 Logo 的形状，如图 4.27 所示。

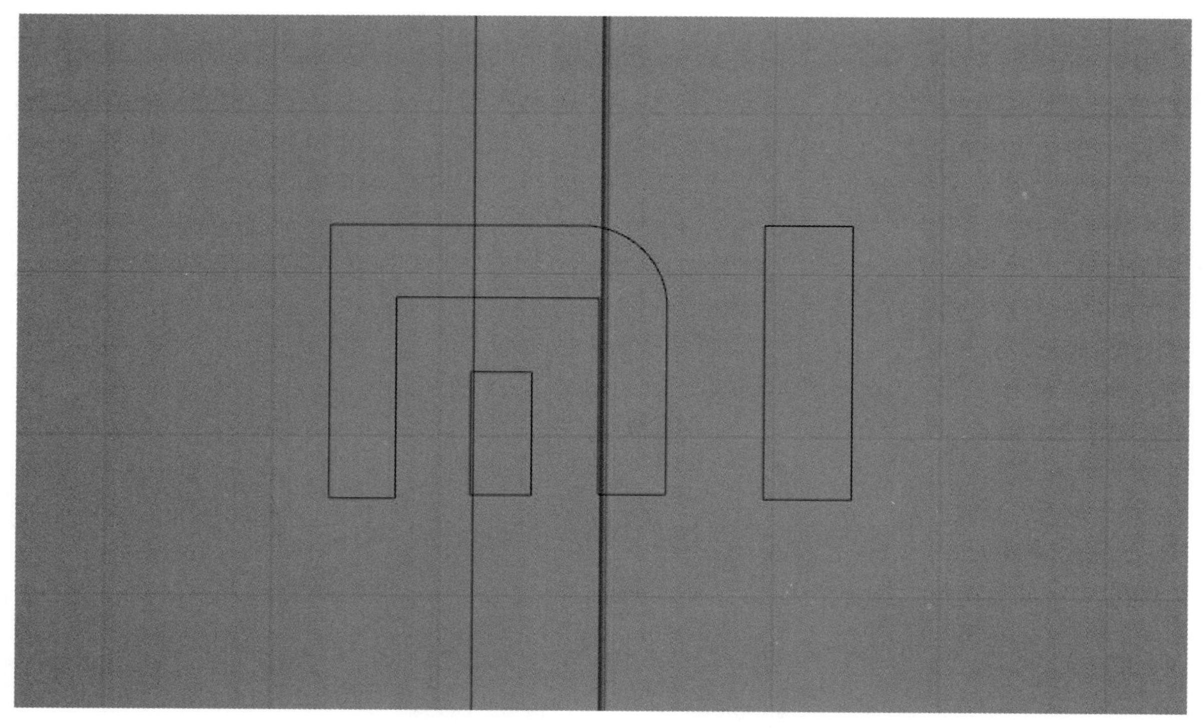

图 4.27

5）利用【挤出封闭的平面曲线】工具 拉伸成体，通过【布尔运算差集】工具 剪裁得到凹陷的 Logo，至此，遥控器制作完成，如图 4.28 所示。

图 4.28

4.2.3 文件整理

单击【文件】→【保存文件】命令，将文件命名为【遥控器】，存储格式为 *.3dm，如图 4.29 所示。

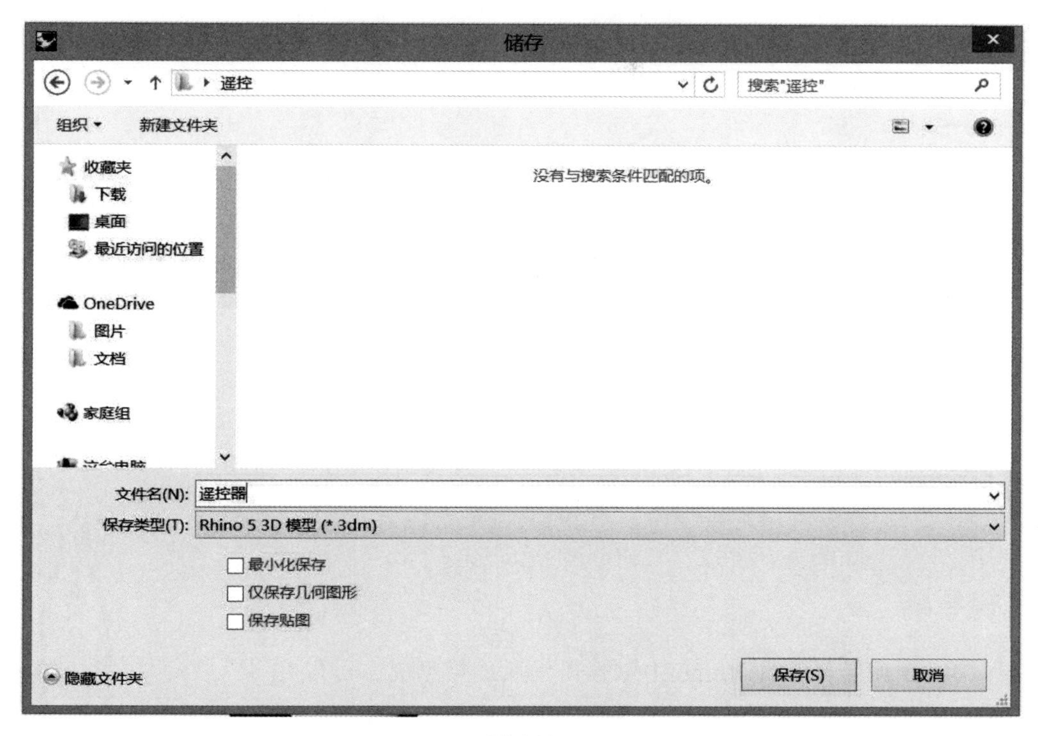

图 4.29

第5章

Chapter 5

回转体练习——可乐瓶与暖水瓶

5.1 可乐瓶

5.1.1 建模思路

可乐瓶作为一个回转体，在 Rhino 中创建可乐瓶的模型时，可以在画完截面轮廓之后，用【旋转成型】工具来创建一个可乐瓶，如图 5.1 所示。

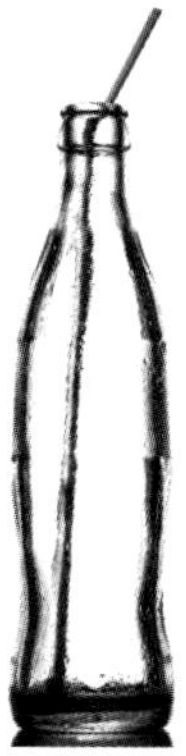

图 5.1

5.1.2 建模步骤

（1）新建文件，进入 Rhino 界面。

（2）置入主视图。首先使用【放置背景图】工具，在 Front 视图中放置背景参考图，以 z 轴为中线将可乐瓶背景图位置调整好，如图 5.2 所示。

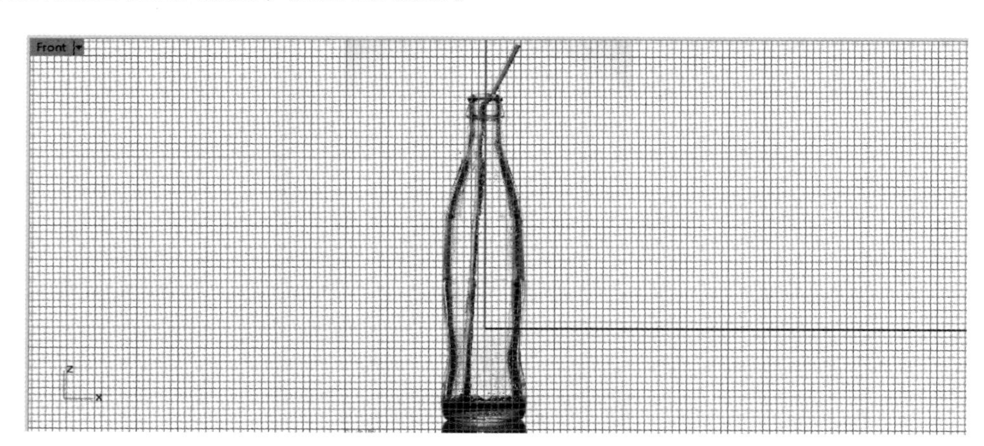

图 5.2

（3）单击工具列中的【控制点曲线】按钮，按照图 5.1 所示，绘制出可乐瓶截面轮廓，如图 5.3 所示（为使轮廓线能够被清晰地看到，可以单击【隐藏背景图】按钮将背景图暂时隐藏）。

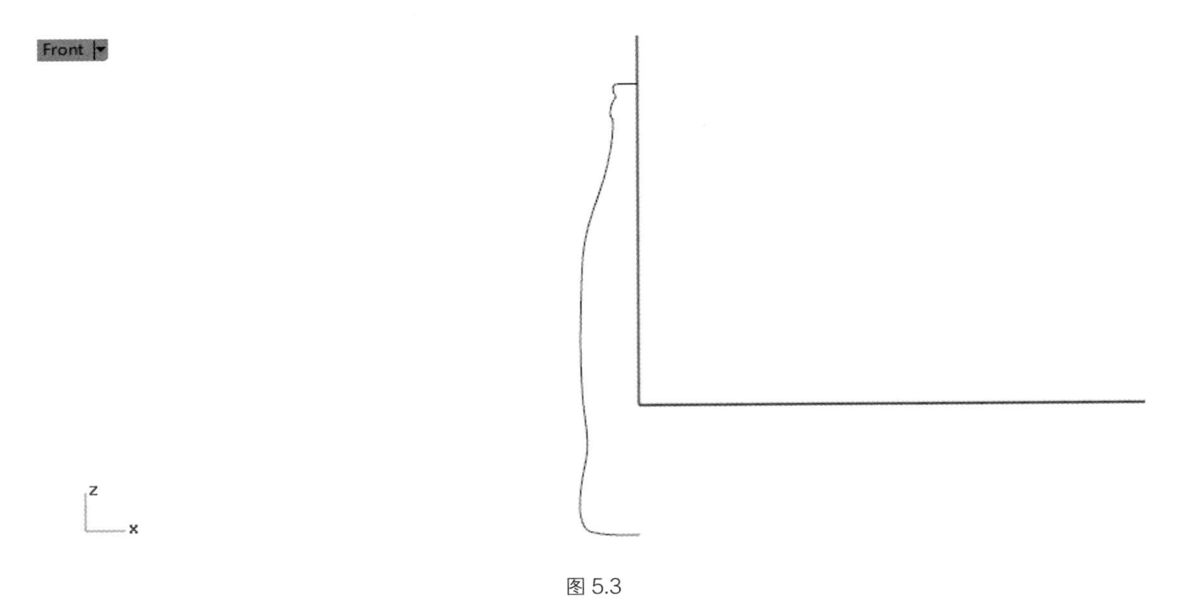

图 5.3

（4）由于可乐瓶壁是有厚度的，在步骤（3）中画的是可乐瓶的外壁截面轮廓线，还应该把内壁的截面轮廓线也画出来。如果再沿着背景图中可乐瓶的内壁画一遍，未免有些重复，在此使用【偏移曲线】工具。长按工具列中的【曲线圆角】按钮，再单击隐藏工具栏中的【偏移曲线】按钮，选取要偏移的曲线（图 5.4），单击指令行中的【偏移距离】，然后输入合适的壁厚，并指定偏移侧，也就是向外还是向内偏移，此处是【向内部偏移】；指令行选择恰当之后，单击右键或者按 Enter 键完成【偏移曲线】命令，得到如图 5.5 所示的曲线。

偏移侧（距离(D)=1 角(C)=锐角 通过点(T) 公差(O)=0.001 两侧(B) 与工作平面平行(I)=否 加盖(A)=无）: |

图 5.4

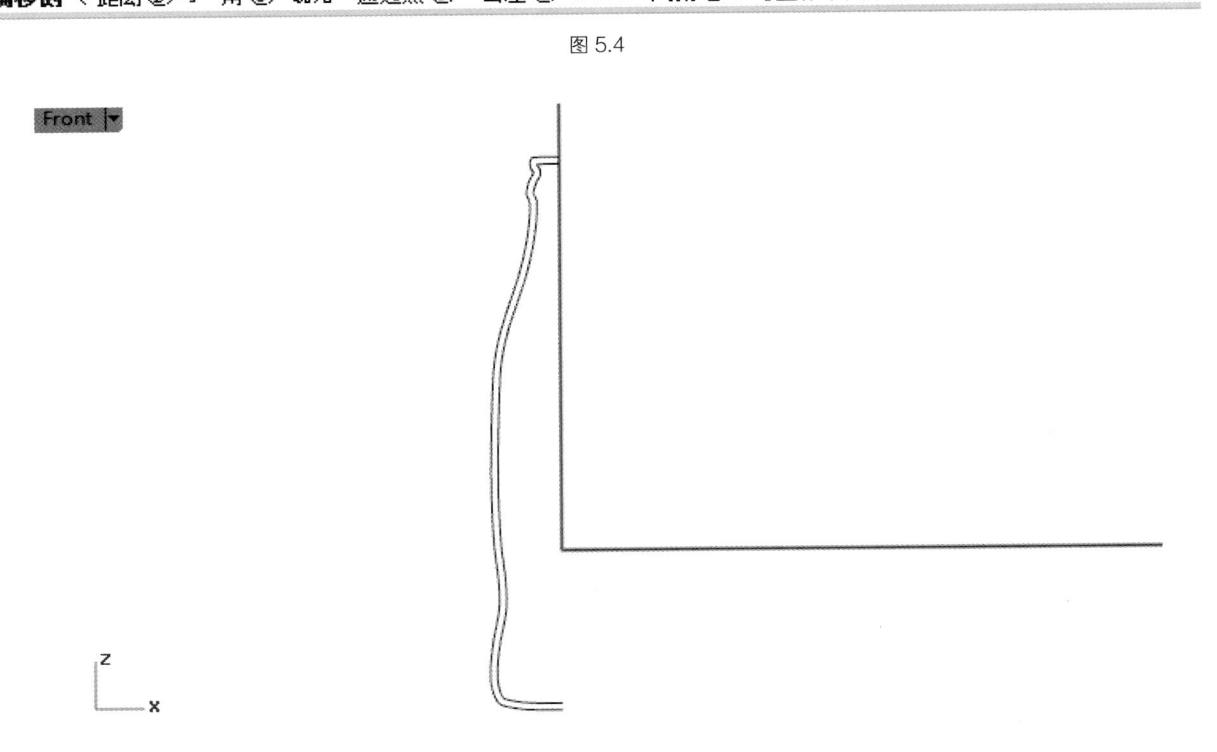

图 5.5

（5）可乐瓶并不是封口的，所以此时的截面轮廓线还不能进行【旋转成型】，还需要编辑瓶口位置的曲线。选取前几步中绘制好的两条曲线，单击工具列中的【打开点】按钮，对两条曲线进行编辑，如图 5.6 所示。右击【关闭点】按钮，再单击【组合】工具将两条曲线组合在一起，成为一条曲线，如图 5.7 所示。

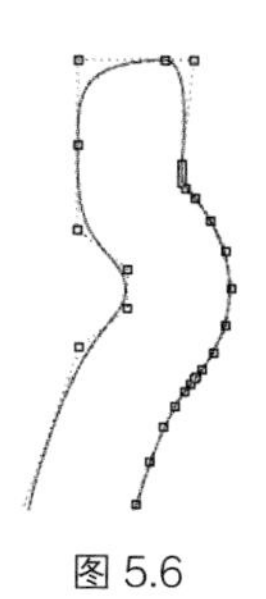

图 5.6

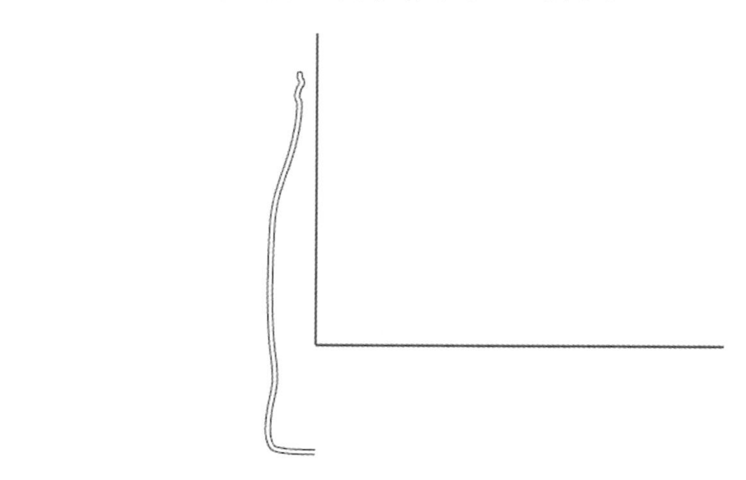

图 5.7

（6）选择曲线，并长按工具列中的【指定三个或四个角创建曲面】按钮。单击隐藏工具列中的【旋转成型】按钮，以 z 轴为旋转轴，然后设置【起始角度】为 360°，右击完成命令，如图 5.8 和图 5.9 所示。

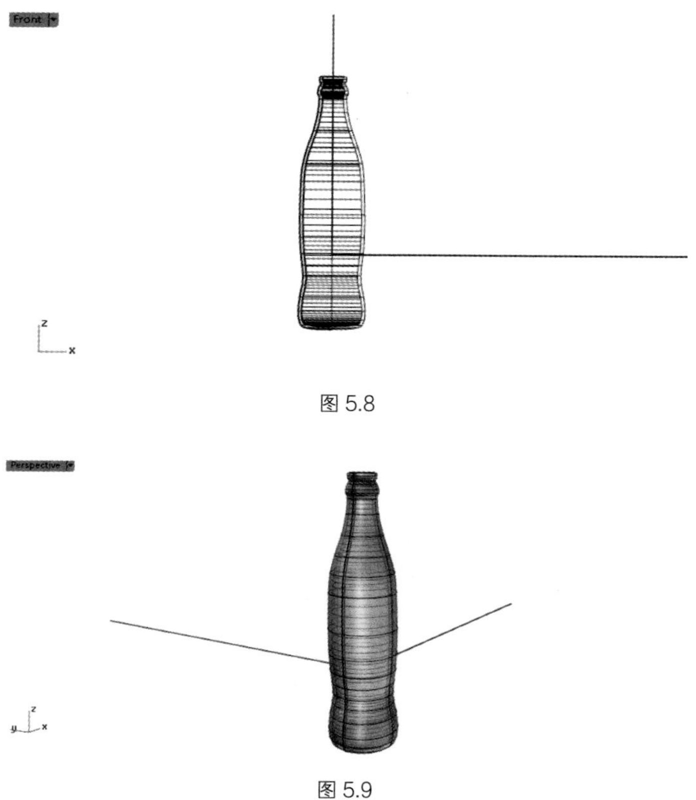

图 5.8

图 5.9

5.1.3 文件整理

单击【文件】→【保存文件】命令，将文件命名为“可乐瓶”，存储格式为 *.3dm，如图 5.10 所示。

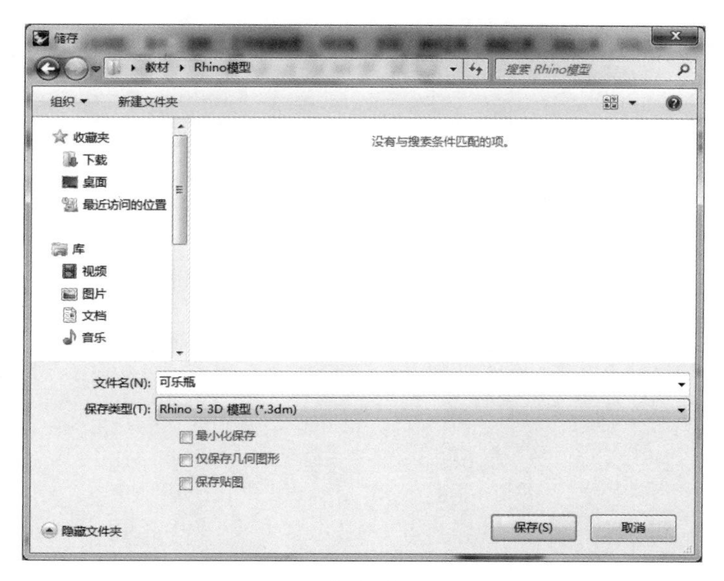

图 5.10

5.2 暖水瓶

5.2.1 建模思路

瓶身利用【曲线】与【直线】工具画出截面轮廓，利用【旋转成型】工具 做出瓶身，利用【双轨扫掠】工具 制作瓶口，经过调整完成一个暖水瓶的创建。

5.2.2 建模步骤

（1）导入背景图画出截面轮廓，如图 5.11 所示。

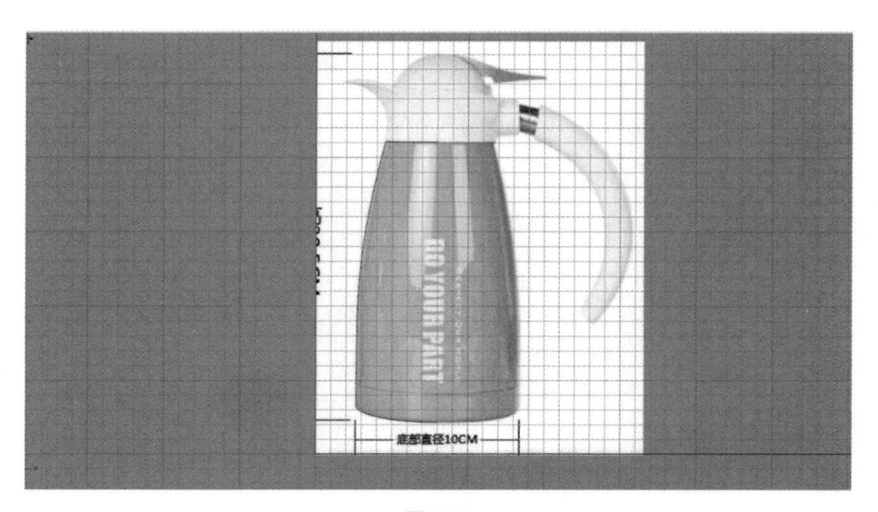

图 5.11

（2）利用【旋转成型】工具 后得到瓶身形体，如图 5.12 所示。

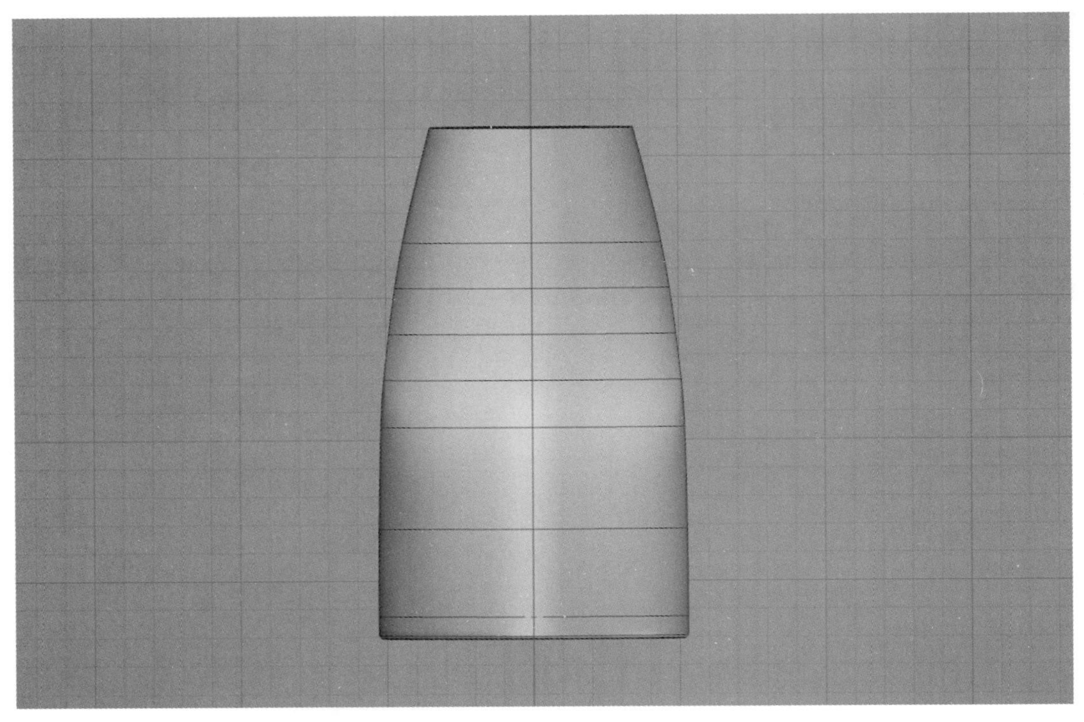

图 5.12

（3）画出瓶口曲线结构，利用【镜像】工具 ，【打开点】工具 调整做出瓶口的完整形态，如图 5.13 所示。

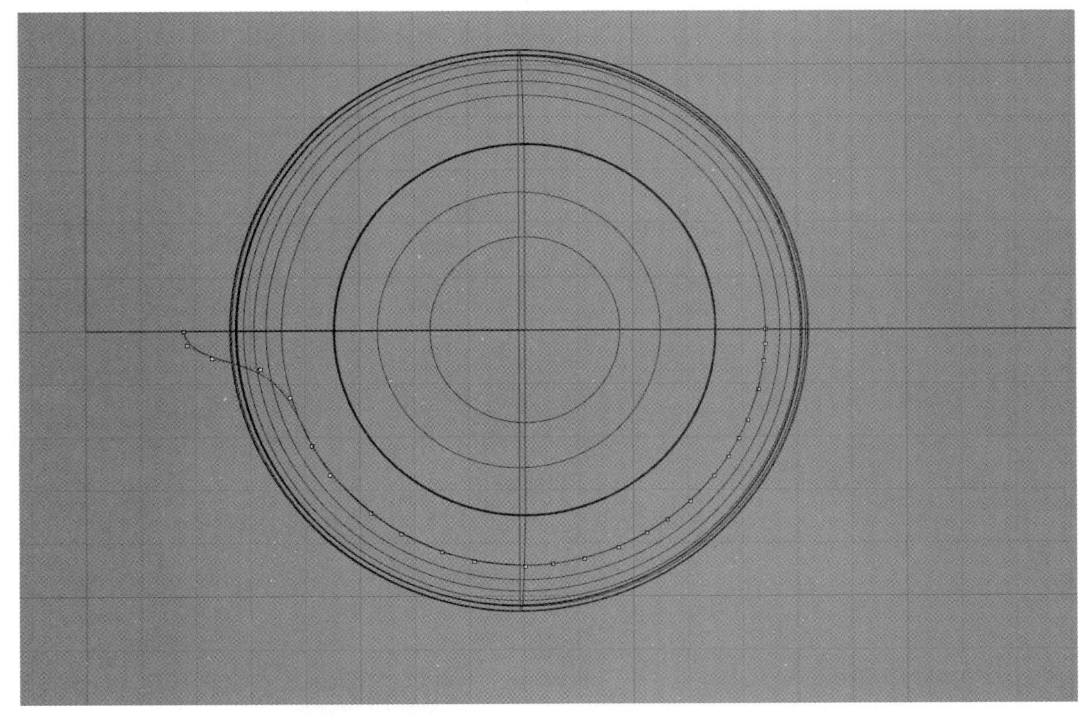

图 5.13

（4）利用【弯曲】工具 将画好的瓶口曲线进行弯曲得到想要的侧面形态，画出侧面曲线，在底部画出圆形曲线进行【双轨扫掠】，如图 5.14 所示。

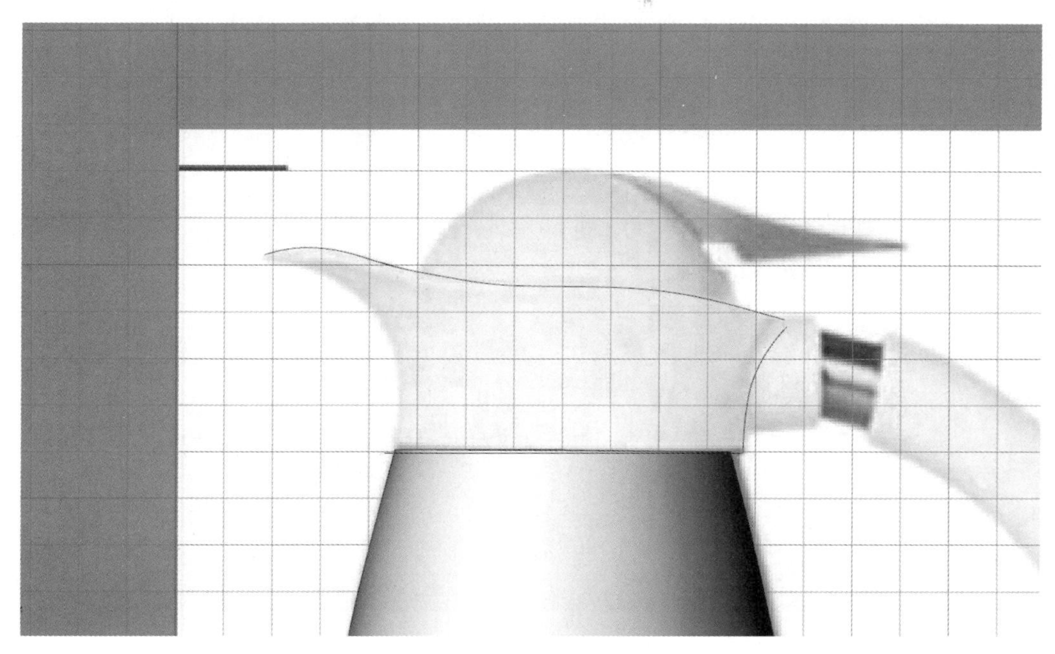

图 5.14

（5）将画好的瓶口【复制】并【缩放】，利用【放样】工具 连接瓶口，如图 5.15 所示。

图 5.15

（6）利用【不等距边缘圆角】工具 选取内外边缘线，做出半径为 0.05mm 的圆角，如图 5.16 所示。

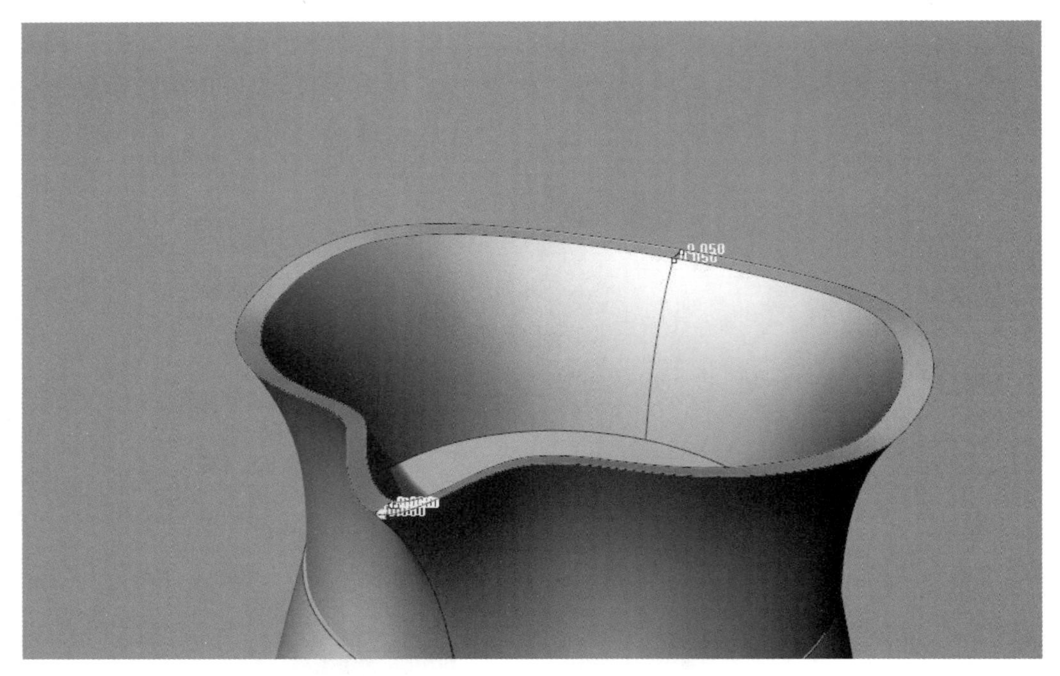

图 5.16

（7）创建圆柱，套在瓶口处，如图 5.17 所示。

图 5.17

（8）利用【剪刀】工具 减去多余的，即圆柱体留在瓶口内部的那部分形体，创建两个圆柱，使用两次【布尔运算差集】工具 ，得到的瓶口结构如图 5.18 所示。

图 5.18

（9）创建椭圆，利用【剪刀】工具 裁切后，利用【放样】工具 填补缺口，如图 5.19 所示。

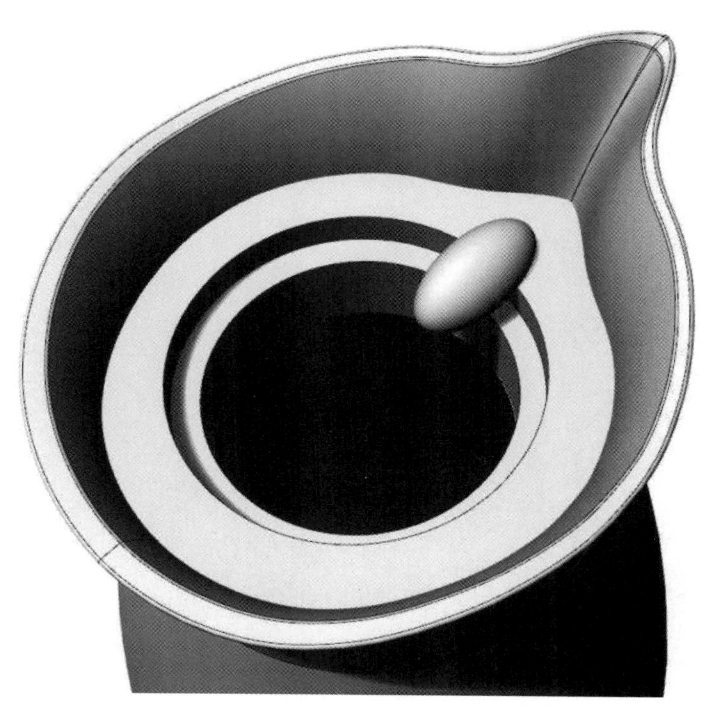

图 5.19

（10）绘制瓶口内部结构。画出曲线利用【挤出封闭的平面曲线】工具拉伸成体，【偏移曲面】后复制到两侧对称的卡槽，在后侧创建圆柱把手底部，如图 5.20 所示。

图 5.20

（11）通过背景图画出把手曲线。利用【平头管】工具做出把手，创建圆柱体连接底部与把手，如图 5.21 所示。

图 5.21

（12）制作顶部盖子。参考背景图创建大小相同的椭圆，利用【修剪】工具截取上面的部分，创建圆柱体，再创建空心管。利用【不等距边缘圆角】工具进行圆角处理，如图 5.22 所示。

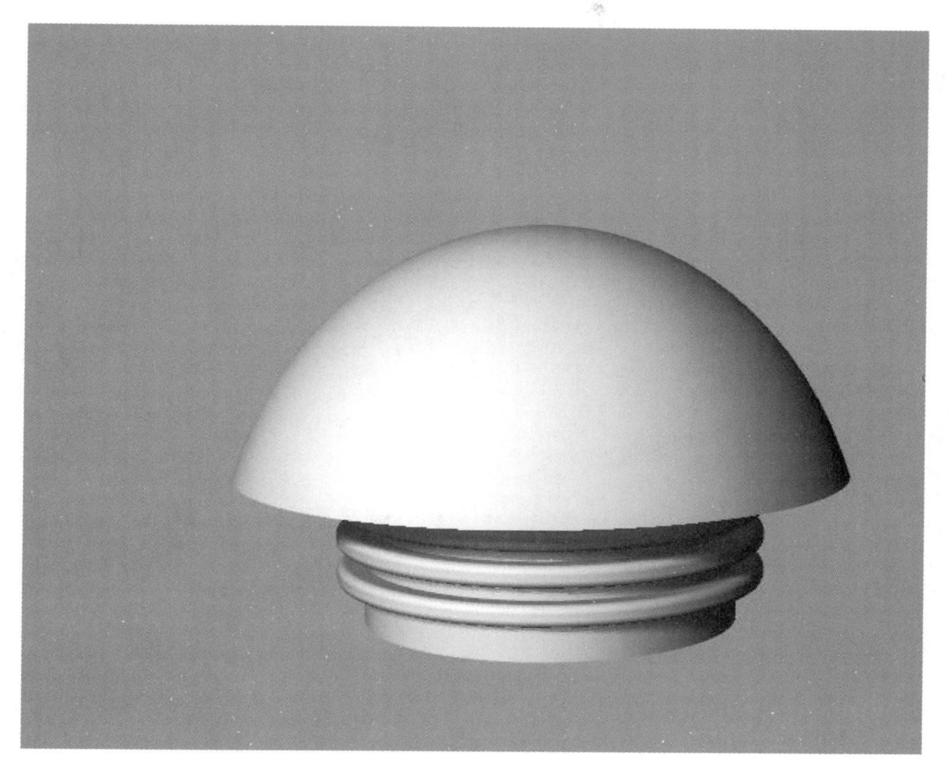

图 5.22

（13）利用【控制点曲线】工具画出一侧曲线，利用【镜像】工具镜像出另一半，如图 5.23 所示。

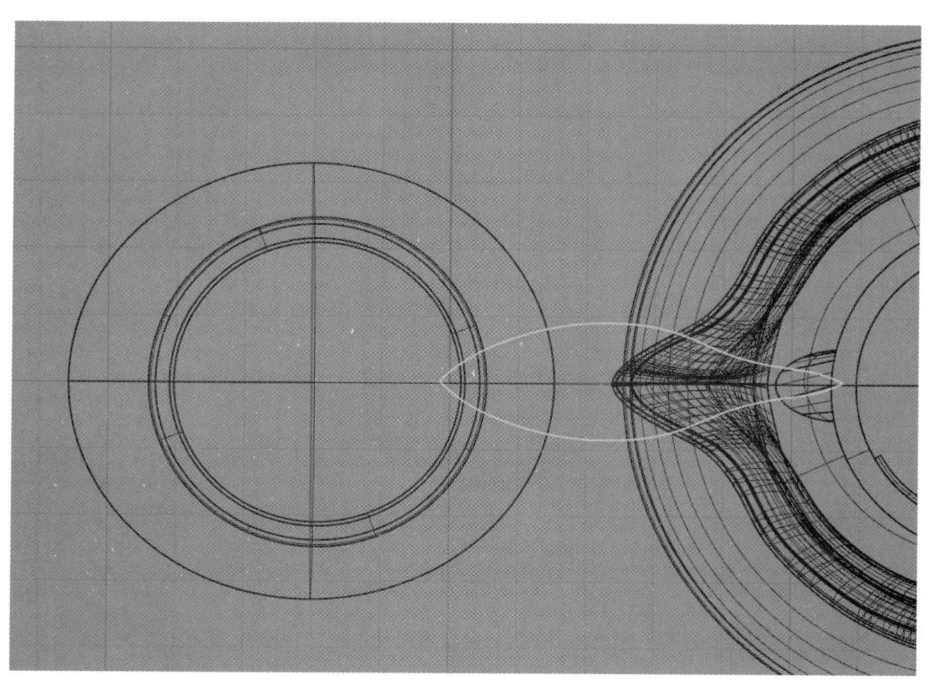

图 5.23

（14）利用【挤出封闭的平面曲线】工具 拉伸成体后，利用【布尔运算差集】工具 进行抠除，再次利用曲线拉伸成体并缩小，留出一点空隙即可，如图 5.24 所示。

图 5.24

（15）利用【剪刀】工具 将侧面形态剪裁，将零件组合完成暖水瓶，如图 5.25 所示。

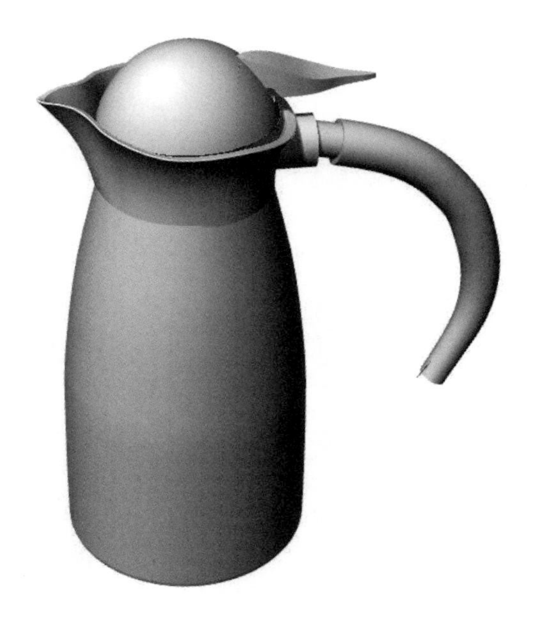

图 5.25

5.2.3 文件整理

单击【文件】→【保存文件】命令，将文件命名为“暖水瓶”，存储格式为 *.3dm，如图 5.26 所示。

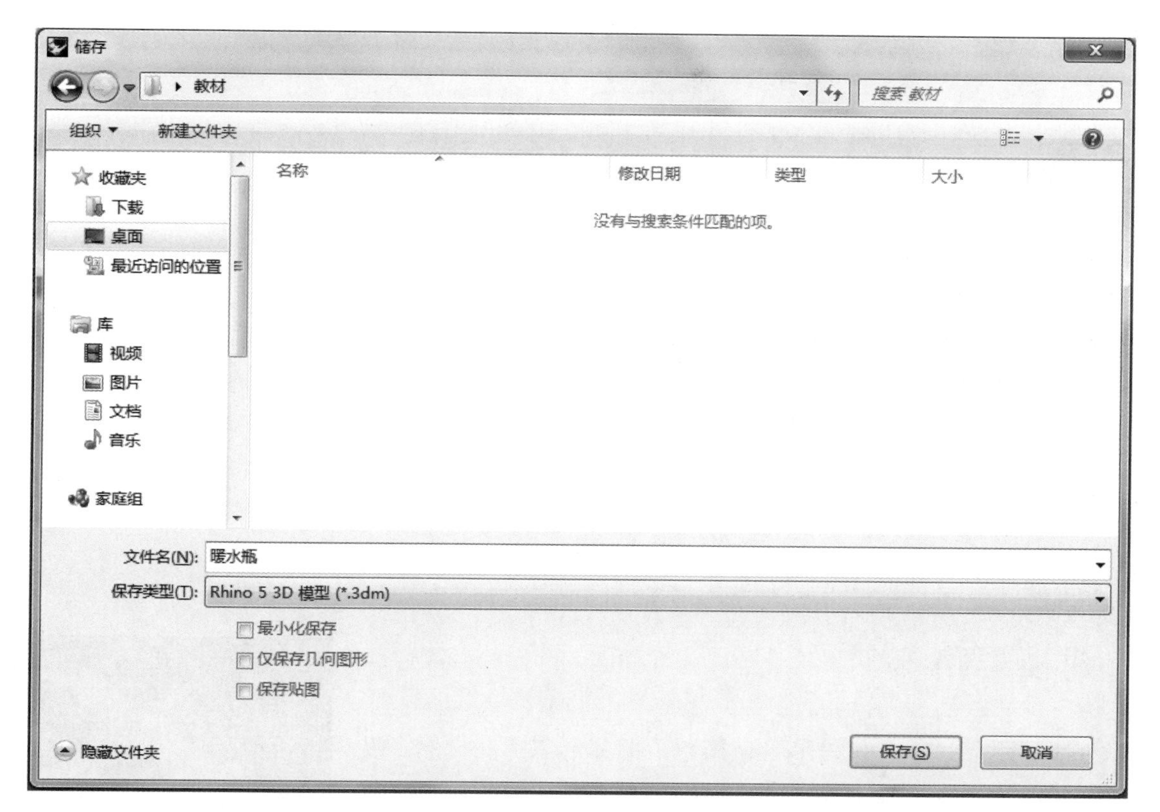
储存
教材
搜索 教材
组织
新建文件夹
收藏夹
下载
桌面
最近访问的位置
库
视频
图片
文档
音乐
家庭组
名称
修改日期
类型
大小
没有与搜索条件匹配的项。
文件名(N):
暖水瓶
保存类型(T):
Rhino 5 3D 模型 (*.3dm)
最小化保存
仅保存几何图形
保存贴图
隐藏文件夹
保存(S)
取消

图 5.26

第6章

Chapter 6

曲面建模与渲染初识——耳机建模及渲染技法

6.1 建模思路

如图 6.1 所示的这款耳机外形看似简单，但其形态圆润自然，没有生硬的棱角却往往成为建模的难点，本章将以耳机建模为例，分析这种自然过渡曲面的建模方法。

图 6.1

6.2 建模步骤

（1）导入背景图，单击【放置背景图】按钮，将事先准备好的参考图导入到视图中，在导入时可以使用【立方体】工具绘制一个长方体，以便调整参考图的位置和大小，如图 6.2 所示。

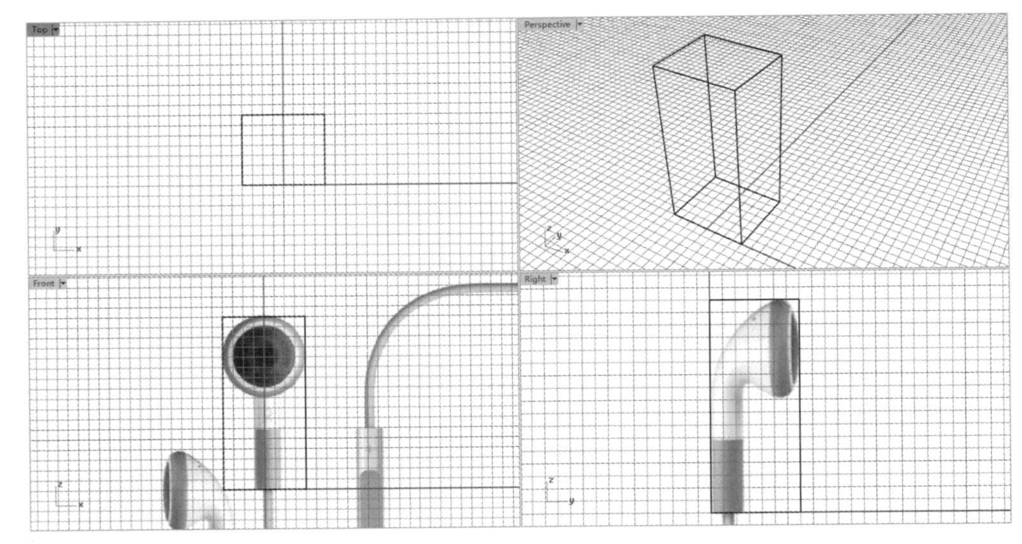

图 6.2

（2）将背景图放置好后，在 Right 视图中使用【控制点曲线】工具 绘制出一段如图 6.3 所示的曲线，再利用【旋转成型】工具 绘制出如图 6.4 所示的耳机帽（指令栏中的【起始角度】设置为 360°）。

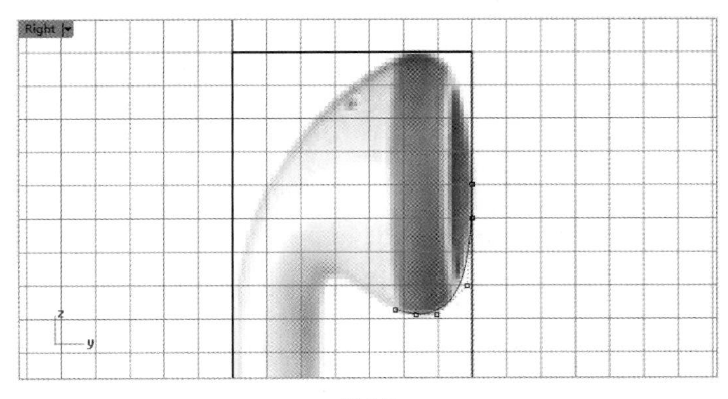

图 6.3

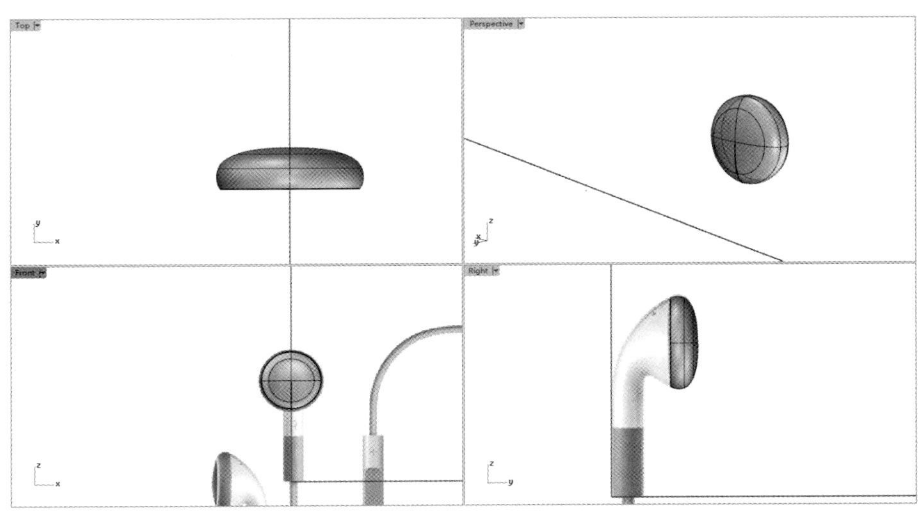

图 6.4

（3）使用【圆柱体】工具 绘制较为规则的圆柱形耳机柄，如图 6.5 所示。

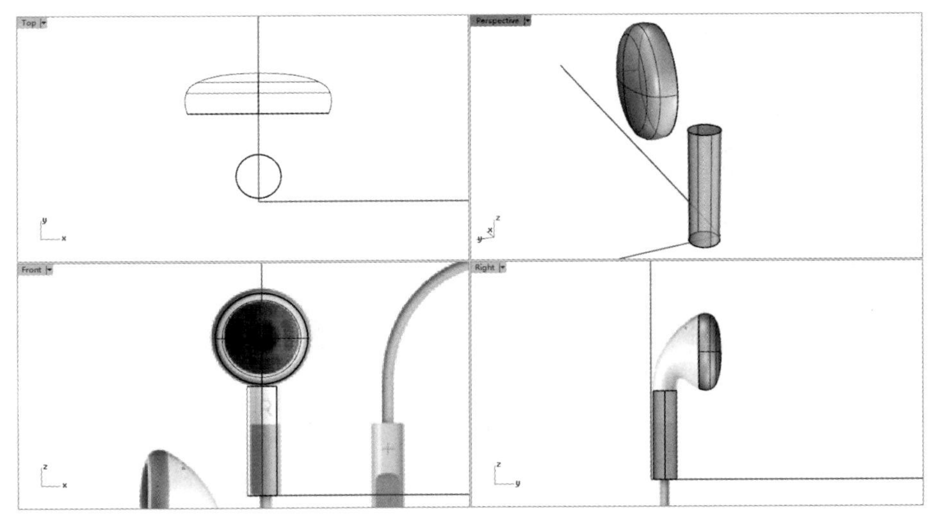

图 6.5

（4）单击【控制点曲线】按钮 绘制连接部分的曲线，如图 6.6 所示。

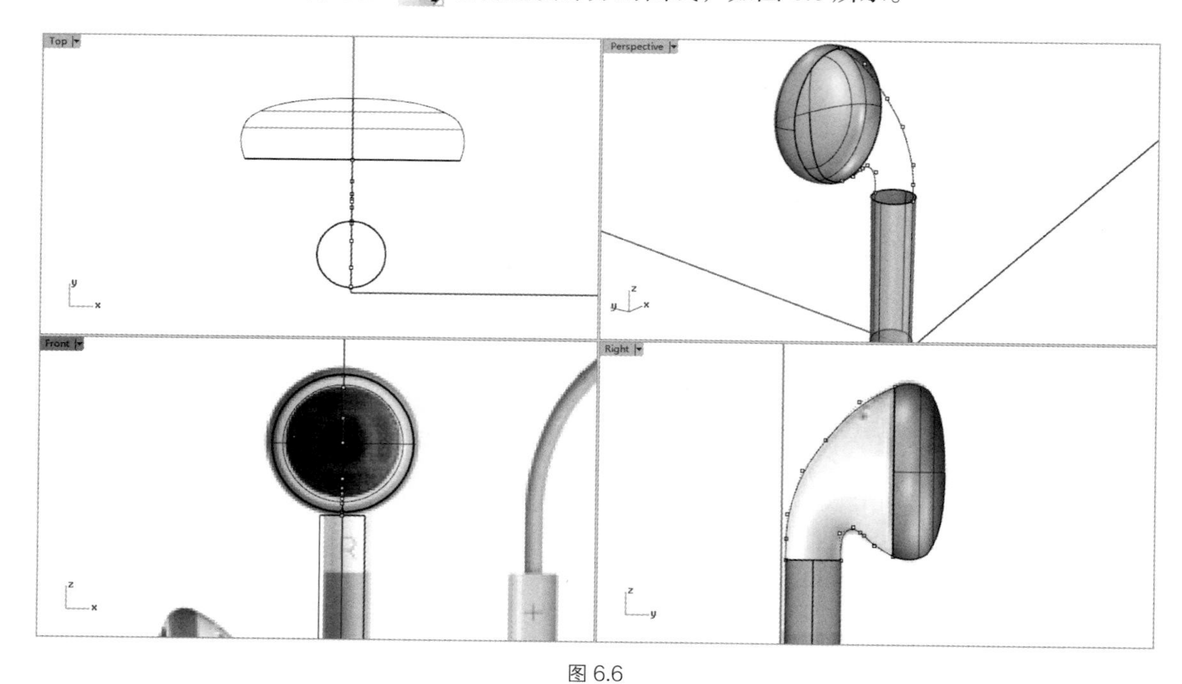

图 6.6

（5）在 Front 视图中我们发现，由于耳机柄并不位于中央，所以在步骤（4）中所绘制的曲线并不能与耳机帽相连。此时先不考虑实际的形状，而是先将大致的由小圆到大圆的过渡做出来，具体做法是，使用单击【圆】按钮 下拉菜单中的【圆：直径】按钮 ，分别点选步骤（4）中绘制好的曲线靠近大圆的一端，绘制如图 6.7 所示的圆。

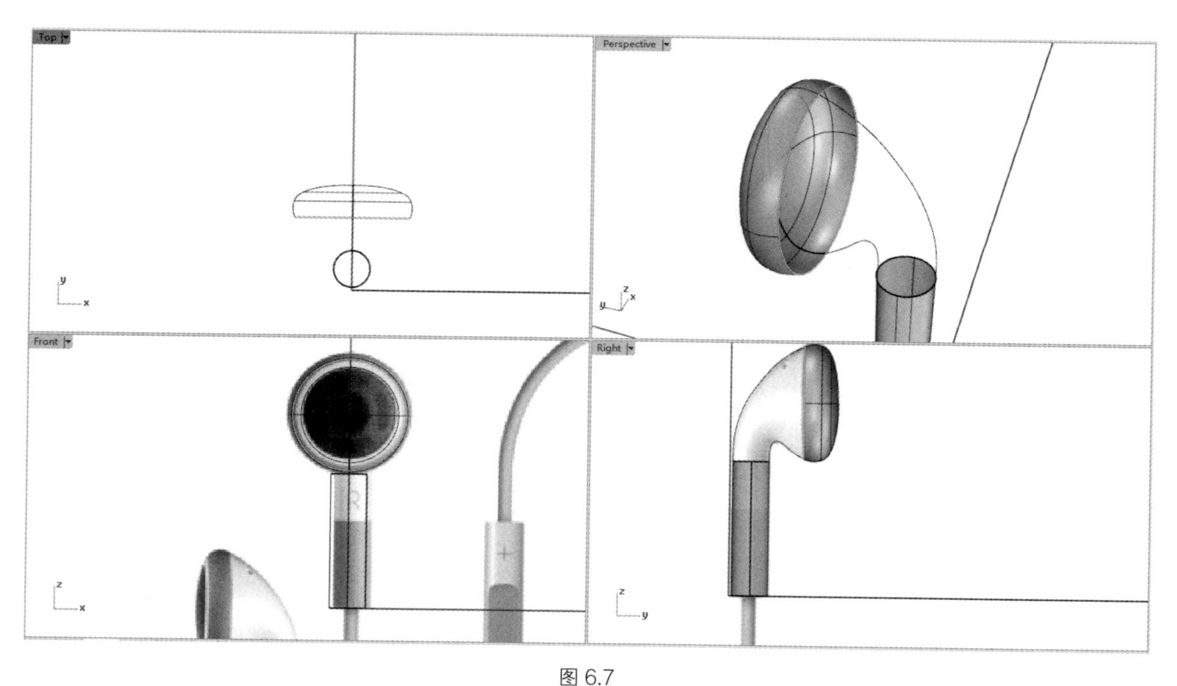

图 6.7

（6）接着单击【指定三个或四个角创建曲面】按钮 隐藏菜单中的【双轨扫掠】按钮 ，按照提示，首先点选两条曲线作为放样轨道，再分别选择大圆和小圆，得到如图 6.8 所示的形状。

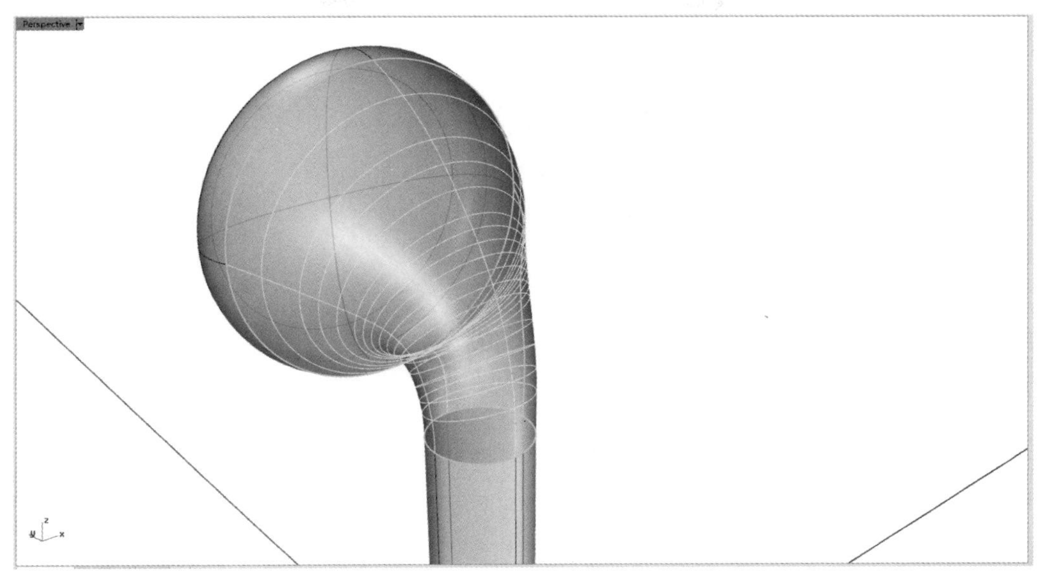

图 6.8

（7）下面要考虑怎样使得这个过渡与真正的耳机帽相连，我们采用提取结构线重塑曲面的方法来完成。

1）首先选中步骤（6）中创建的曲面和耳机下半部分，移动使耳机下半部分贴合 Front 视图中的背景图，如图 6.9 所示。

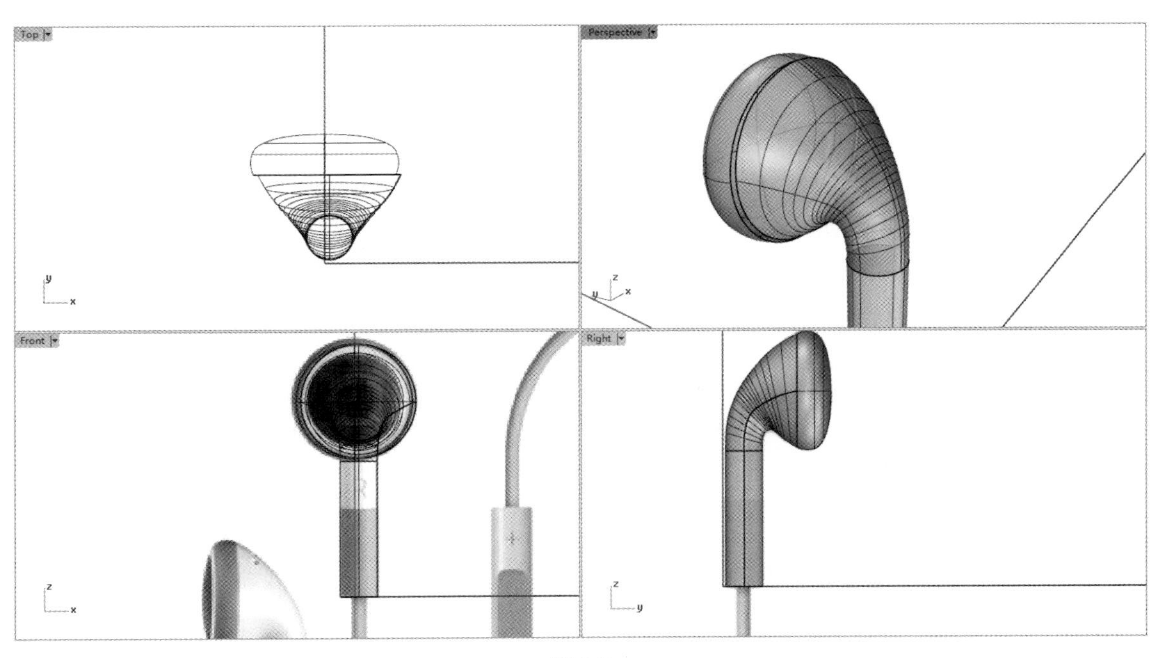

图 6.9

2）再单击【投影曲线】按钮 隐藏菜单中的【抽离结构线】按钮 ，将上一步中得到的形状侧边的两条结构线以及上下两条结构线提取出来，如图 6.10 所示。在提取过程中，可以勾选窗口下方【物件锁点】一栏的【四分点】，以保证选择的精确性。

注意：此时四分点为耳机帽上那个大圆的四分点。

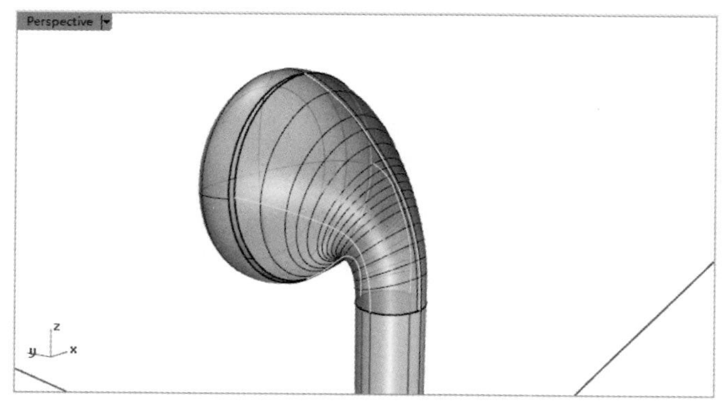

图 6.10

（8）单击【打开点】按钮 调整图 6.10 中左右两侧的两条结构线，使得靠近耳机帽的一端与耳机帽紧密相连，上下两条结构线靠近耳机柄的一端与耳机柄紧密相连。在调整过程中，由于左右两条结构线有许多控制点，不方便调整，可以重新创建曲线。单击【曲线圆角】按钮 隐藏工具栏下的【重建曲线】按钮 ，调整参数如图 6.11 所示。最终效果如图 6.12 所示。

注意：为了方便调整，需将原先创建的过渡部分隐藏或删除。

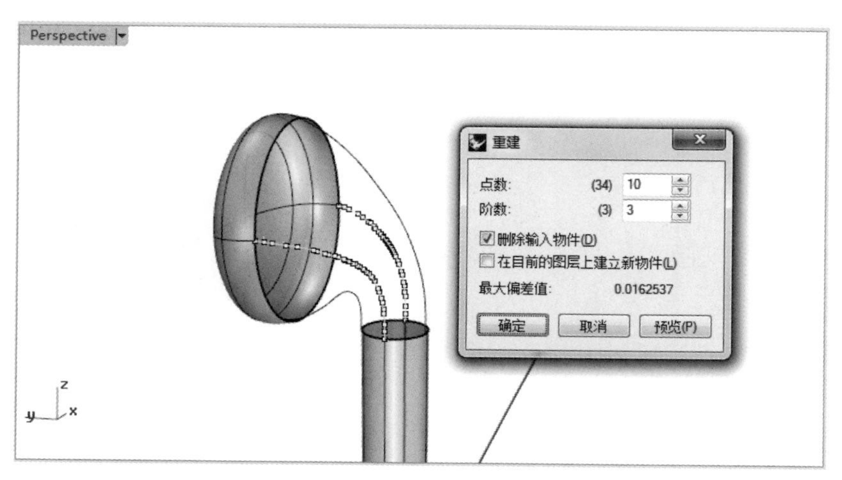

图 6.11

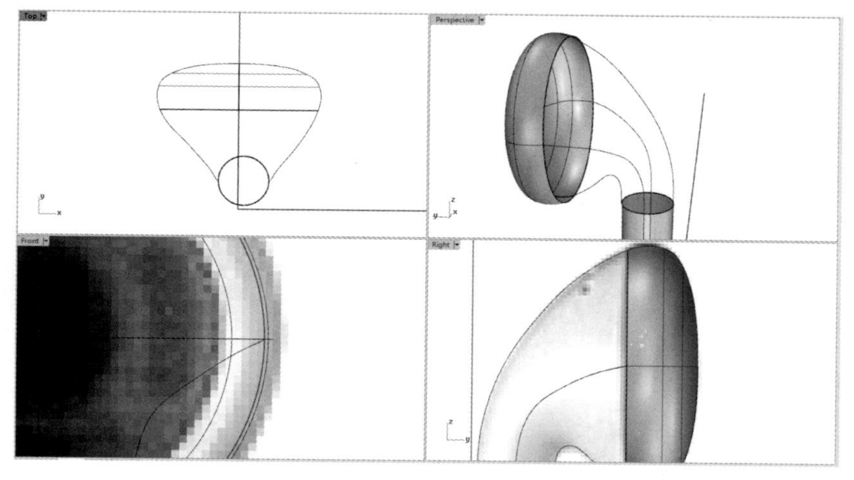

图 6.12

（9）接着单击【指定三个或四个角创建曲面】按钮隐藏工具栏下的【从网线创建曲面】按钮，首先点选四条结构线，接着再点选大圆和小圆，这样就得到了如图 6.13 所示的初步的形态。

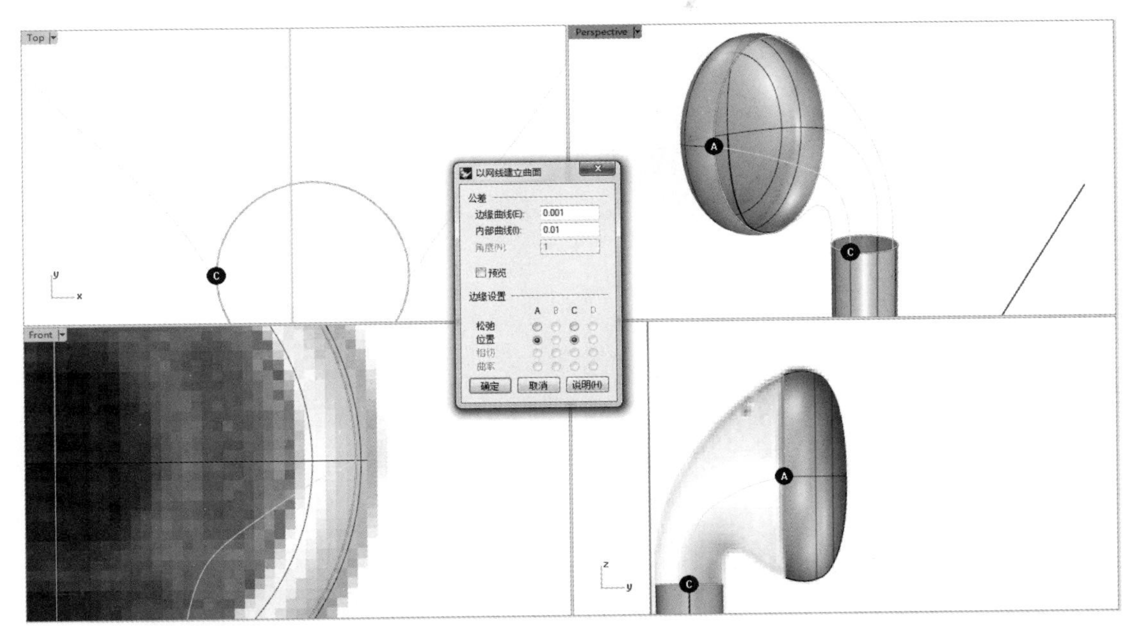

图 6.13

（10）这样终于得到了一个耳机的外形。但仔细观察就会发现，步骤（9）中得到的连接部分并不能很好地与耳机帽和耳机柄相连接。为了解决这个问题，需要使用【曲面圆角】按钮隐藏菜单下的【衔接曲面】工具来实现三部分的紧密贴合。首先点选需要改变的部分的边线，接着点选需要连接上的部分的边线，右击。通过这一方法就可以得到一个较为精确的耳机模型，如图 6.14 所示。

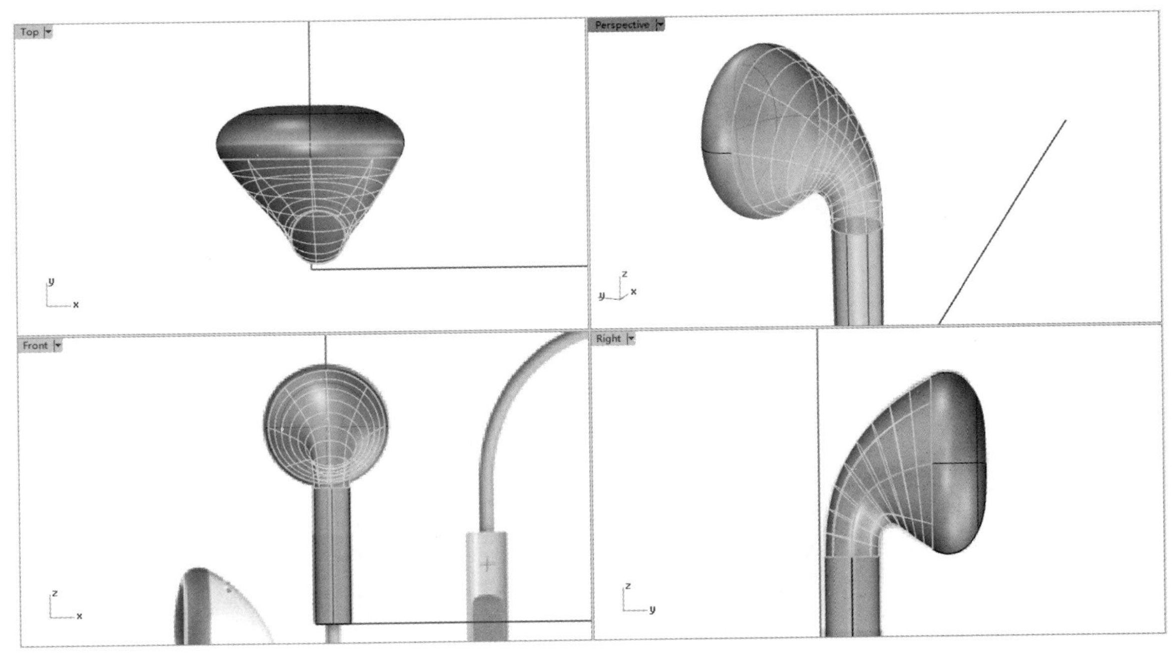

图 6.14

（11）接下来完成耳机的细节部分。绘制如图 6.15 所示的两条直线，然后将耳机帽剪切为三部分。

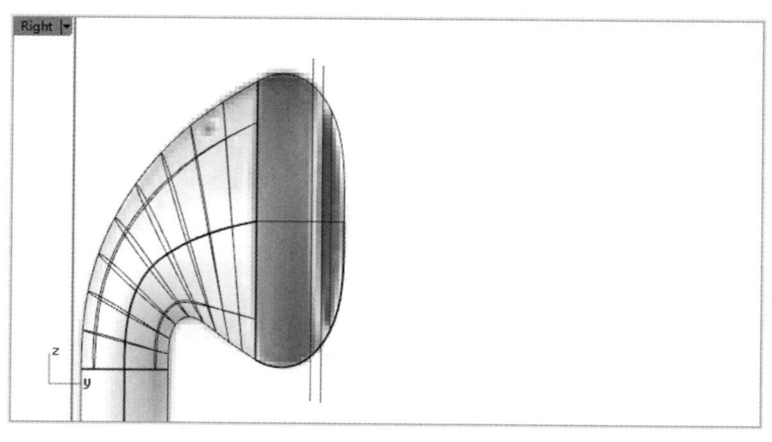

图 6.15

（12）绘制一个如图 6.16 所示的小圆柱，并单击【移动】按钮隐藏工具栏下的【矩形陈列】按钮复制小圆柱，使得小圆柱整齐排列，并与耳机网面相交，如图 6.17 所示。

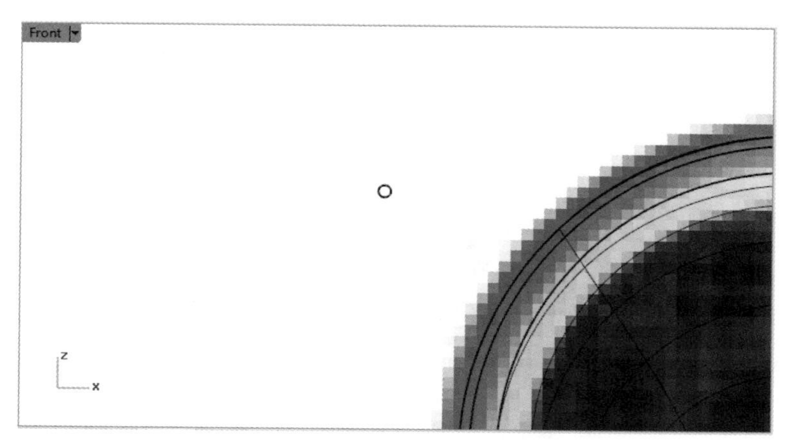

图 6.16

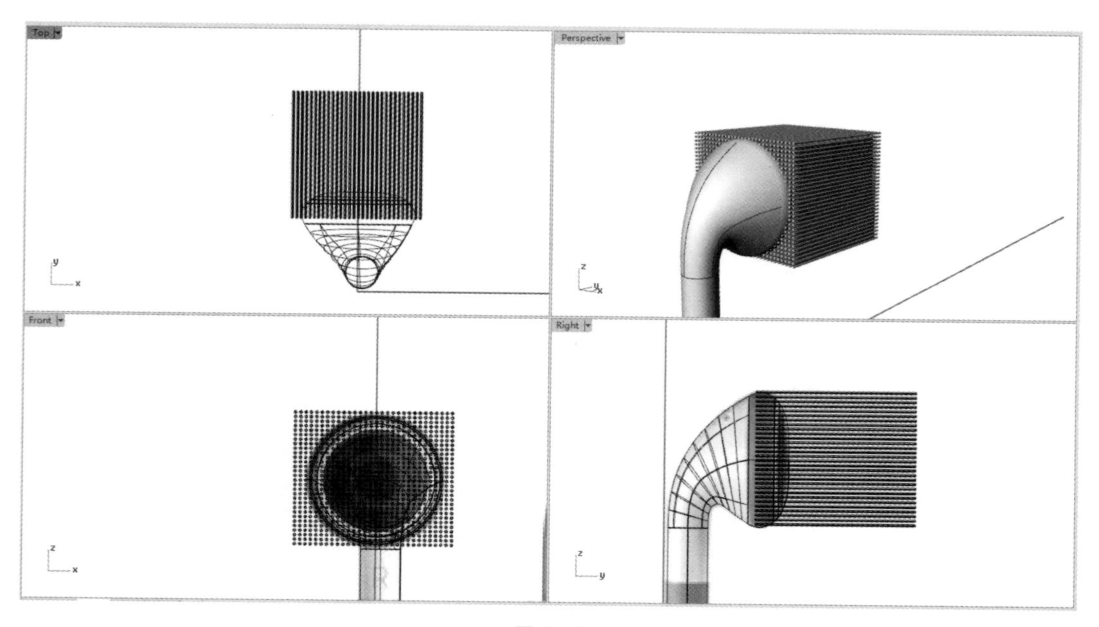

图 6.17

（13）单击【立方体】按钮隐藏工具栏下的【挤出封闭的平面曲线】按钮，将耳机面变成柱体，如图 6.18 所示。再单击【布尔运算联集】按钮隐藏工具栏下的【布尔运算差集】按钮，先点选耳机面，再框选圆柱，得到如图 6.19 所示的效果。

提示：在使用布尔运算时，由于小圆柱很多，所以我们可以只做 1/4，其他三部分通过复制得到，以加快速度。

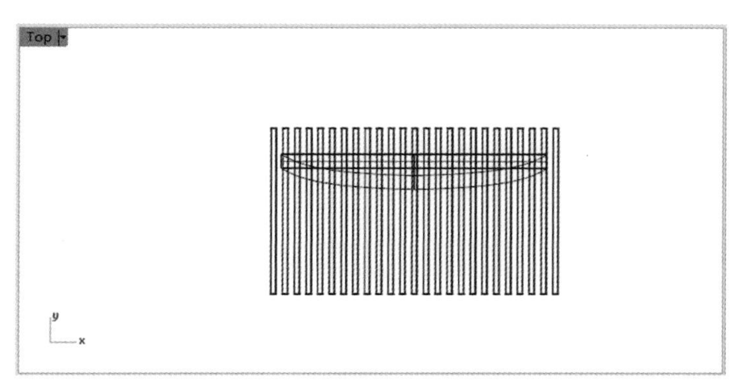

图 6.18

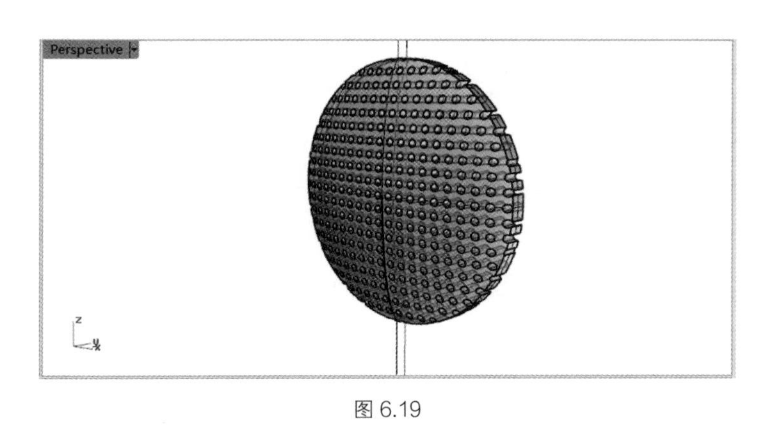

图 6.19

（14）选中图 6.19 中的形状，单击【炸开】按钮拆分所有面，并将不需要的部分删除，得到如图 6.20 所示的耳机网面。

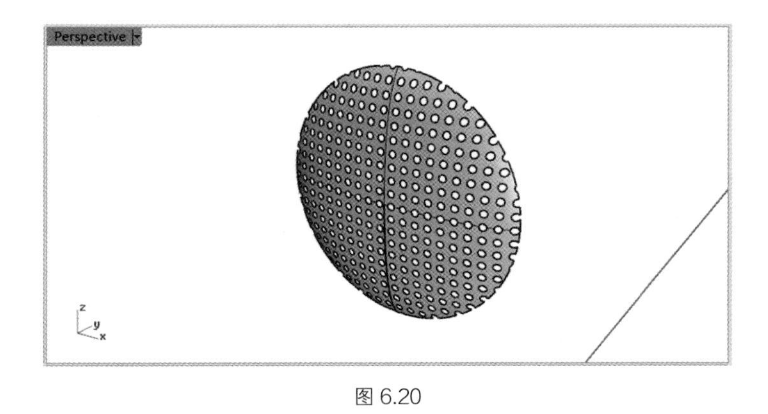

图 6.20

（15）右击【显示物件】按钮，显示其他部分，把网面隐去。单击【指定三个或四个角创建曲面】按钮隐藏工具栏下的【以平面曲线创建曲面】按钮，单击图 6.21 中的边缘线，生成图 6.22 中的平面。

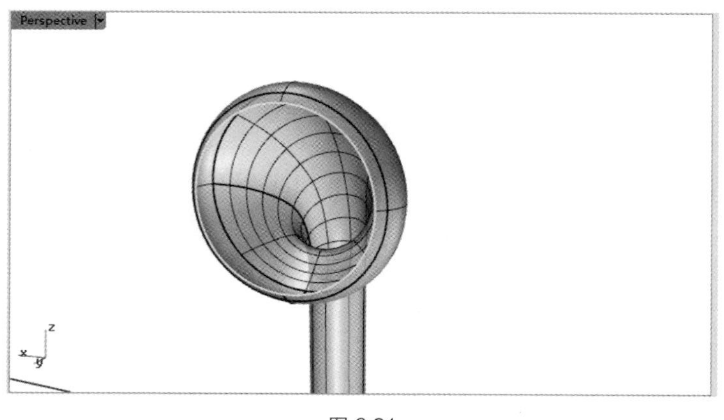

图 6.21

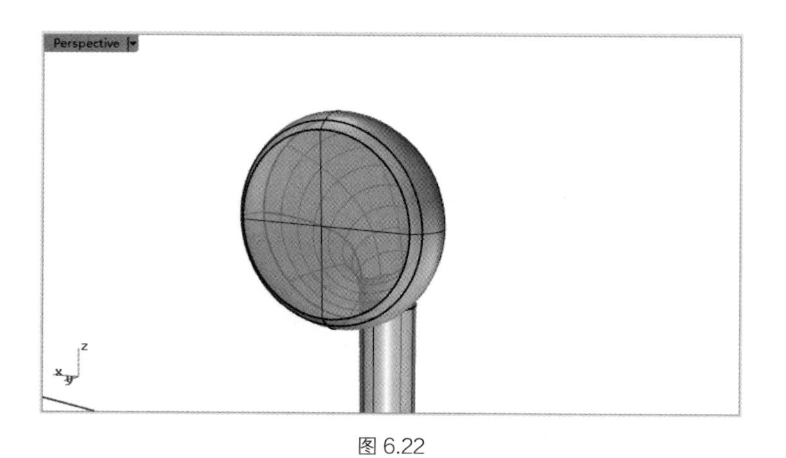

图 6.22

（16）使用【圆】、【多重直线】、【与数条曲线正切】工具，并配合【修剪】工具绘制如图 6.23 所示的线框。

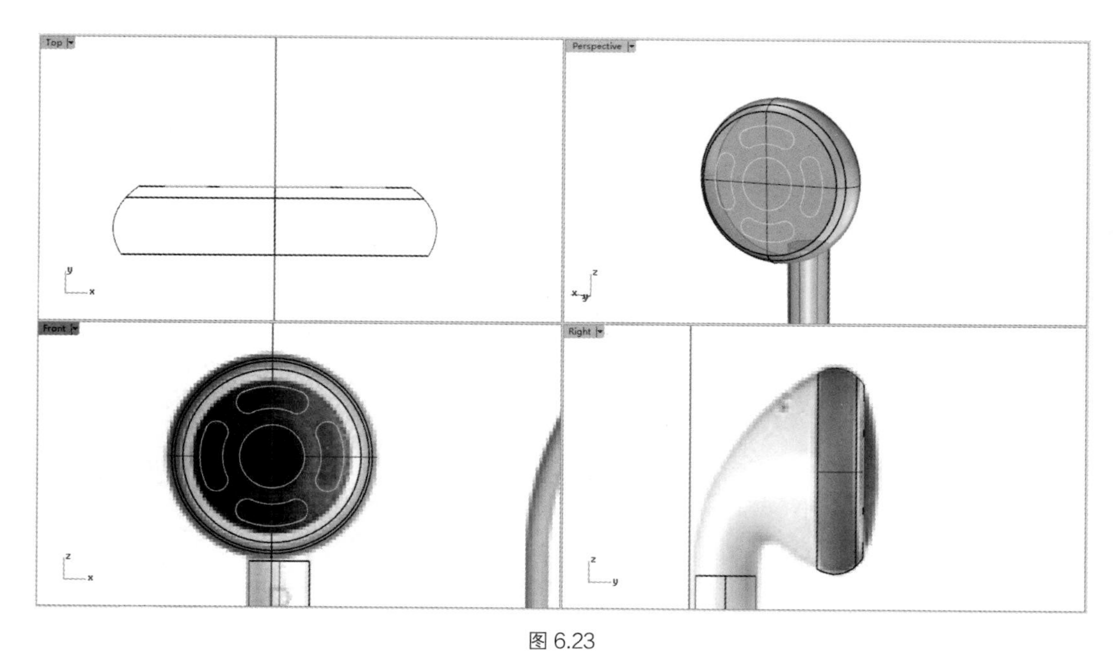

图 6.23

（17）此时单击【修剪】按钮减去线框内部的部分，选中线框和该平面，然后单击【修剪】按

钮 ，点选线框内部的部分，最终得到如图 6.24 的形状。

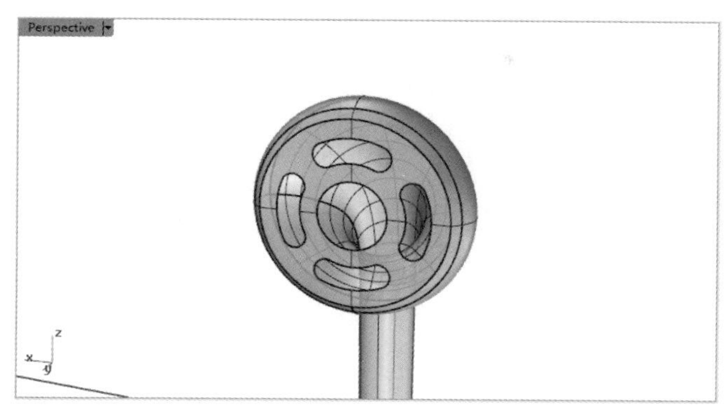

图 6.24

（18）在耳机柄的分割处画一条直线，并将耳机柄截成两部分，效果如图 6.25 所示。

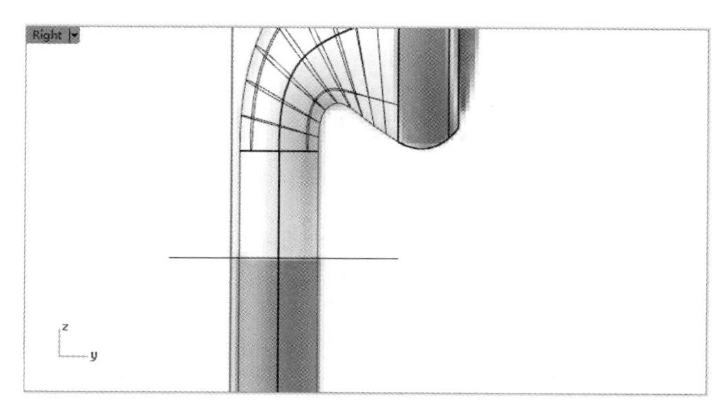

图 6.25

（19）接着制作耳机帽上的小孔，单击【圆柱体】按钮 绘制一个小圆柱，再单击【复制】按钮 复制另外 5 个，如图 6.26 所示。使用【布尔运算差集】工具 将 6 个小圆柱减去，即可得到如图 6.27 所示的效果。

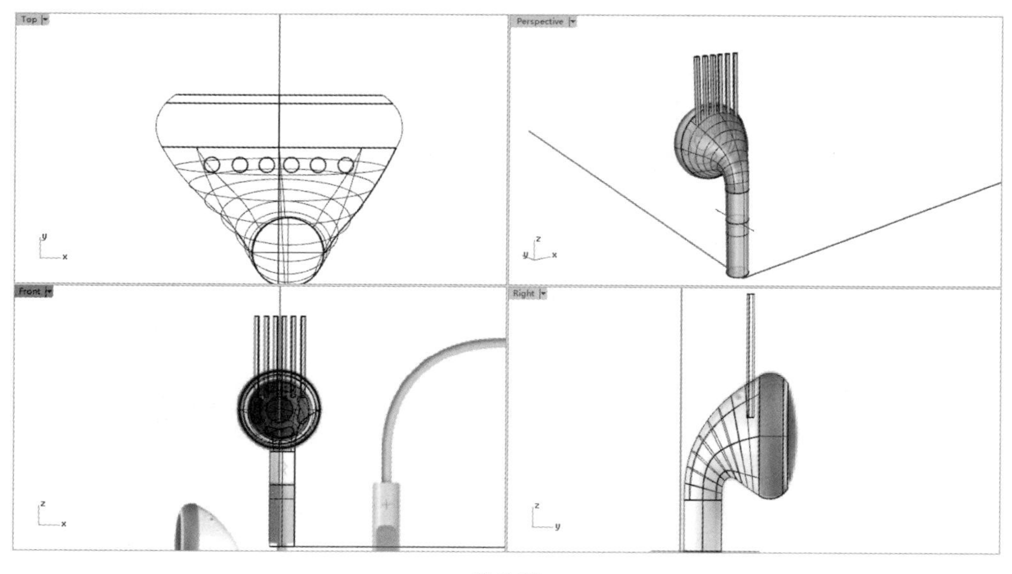

图 6.26

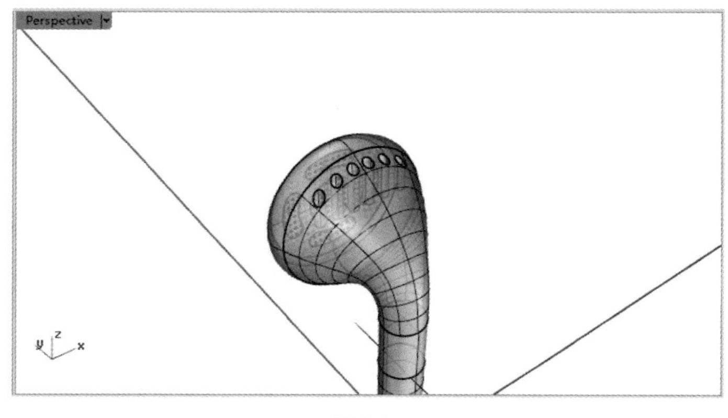

图 6.27

（20）使用【镜像】工具 将耳机整体对称复制，得到另外一只，如图 6.28 所示。

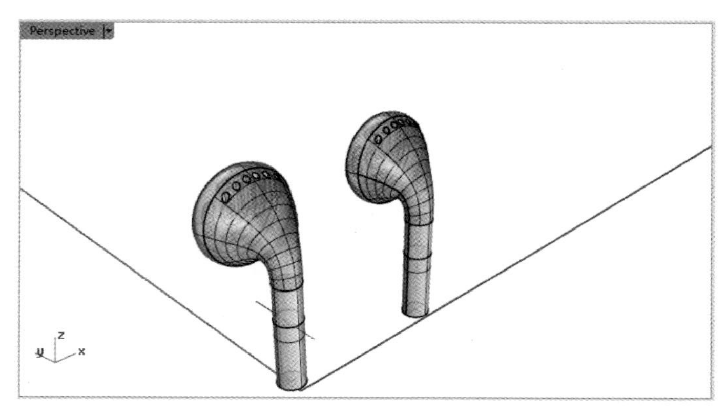

图 6.28

（21）绘制耳机柄上的字母。单击【文字物件】工具 ，弹出【文字物件】对话框，如图 6.29 所示进行。绘制 L，如图 6.30 所示（注：以本章的建模方式，该 L 字样需要再使用【镜像】工具 来使字母与真实情况相符。因为在 Front 视图中，实际模型与背景对称）。

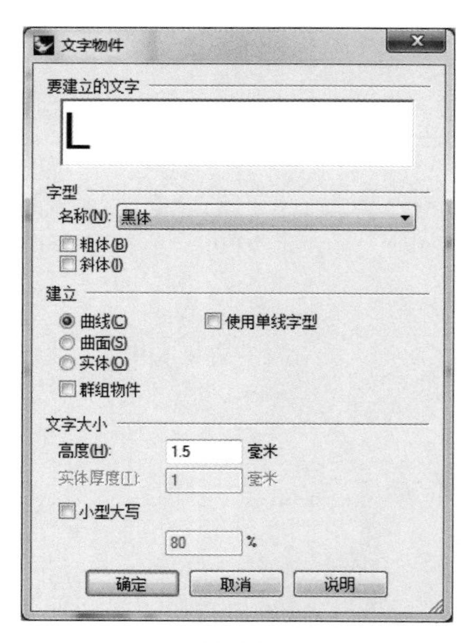

图 6.29

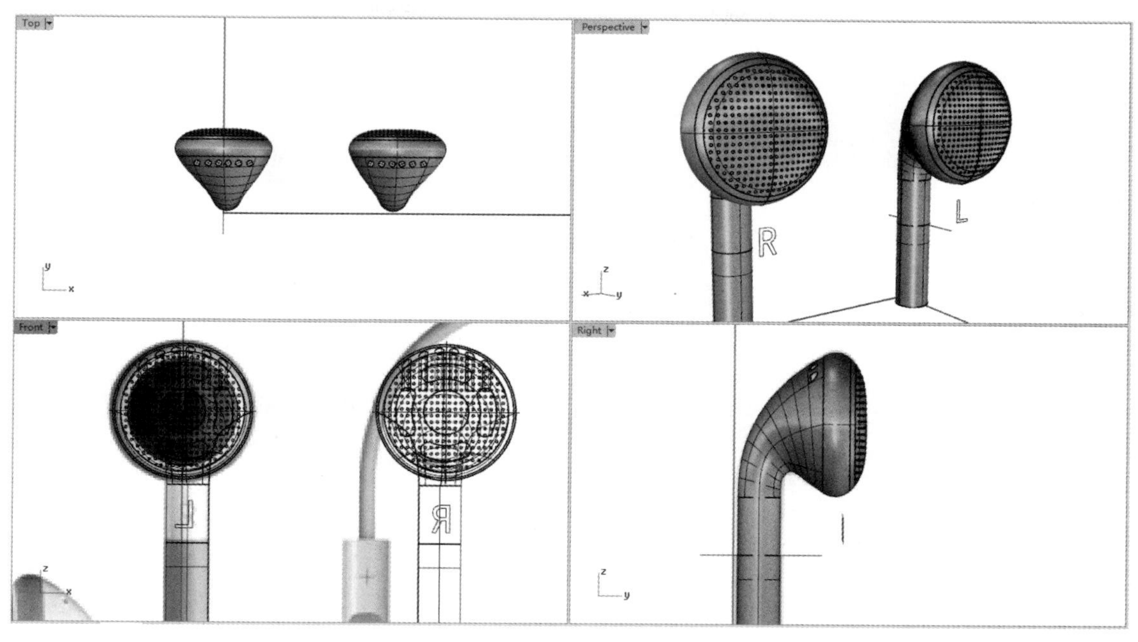

图 6.30

（22）接着使用【投影曲线】工具将平面的线框投射到耳机柄上，如图 6.31 所示。

（23）删去不需要的一组，使用【分割】工具使耳机柄上出现 L 字样的曲面（投影时必须在 Front 视图内操作）。使用同样的方法可得到另一只耳机柄上的字母，最终效果如图 6.32 所示。

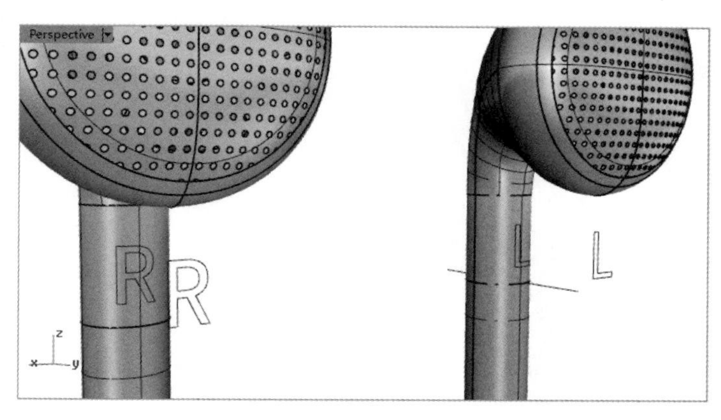

图 6.31

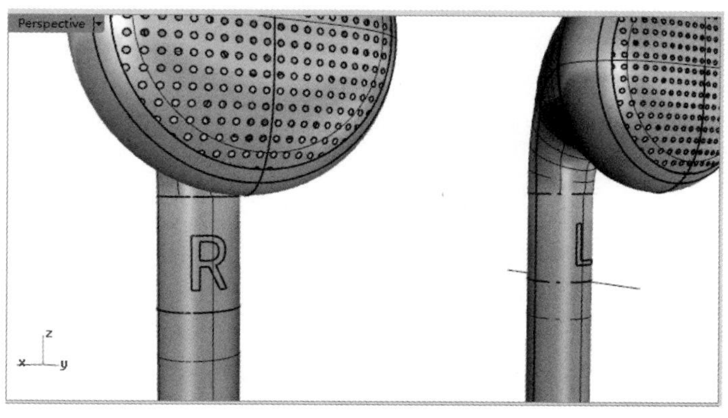

图 6.32

（24）最后将耳机底部绘制一个圆柱形孔，如图 6.33 所示。

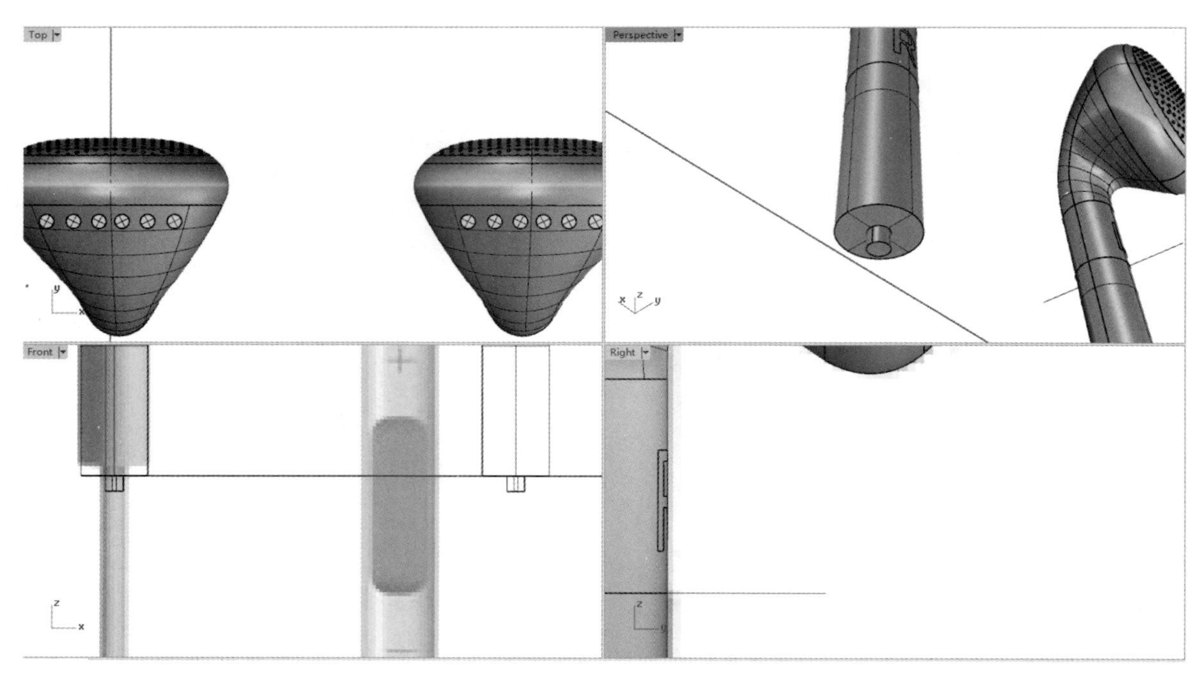

图 6.33

（25）将两只耳机的位置摆放好后，使用【控制点曲线】工具绘制两个耳机线，并单击【立方体】按钮隐藏工具栏下的【圆管】按钮，将其加粗，最终效果如图 6.34 所示。

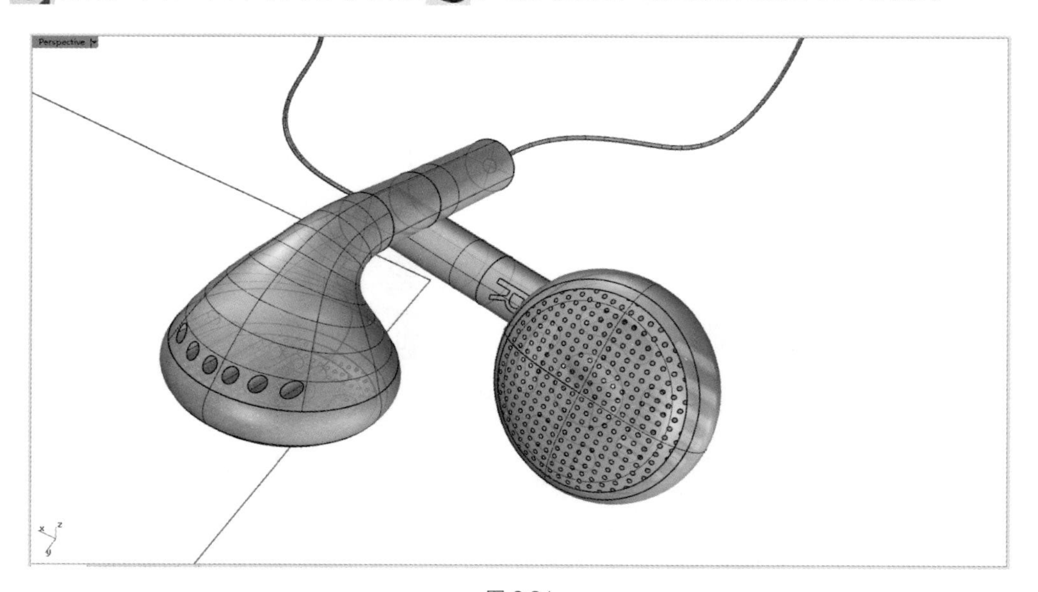

图 6.34

6.3 渲染

（1）单击【编辑图层】按钮隐藏工具栏下的【更改物件图层】按钮，将不同材质的部分分配到不同的图层，如图 6.35 所示。

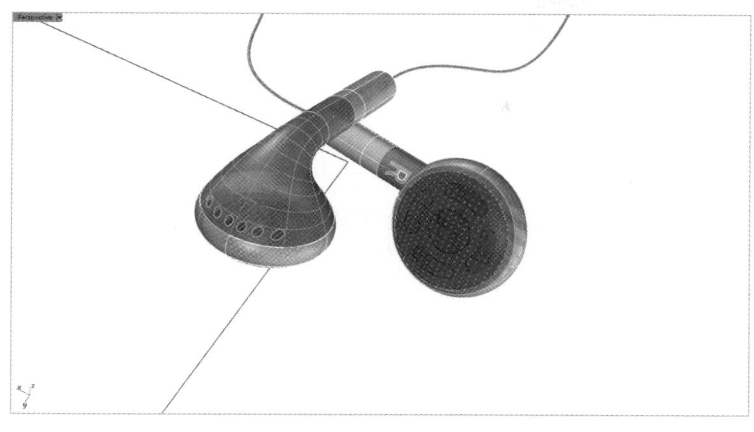

图 6.35

（2）渲染。

1）打开 KeyShot，进入页面，单击【导入】按钮，将耳机的 3dm 格式模型导入。

2）分别赋予耳机不同部位的材质，如图 6.36 所示，同时将背景调整成合适的颜色。

3）单击【渲染】按钮，调整参数如图 6.37 所示，得到如图 6.38 所示的效果图。

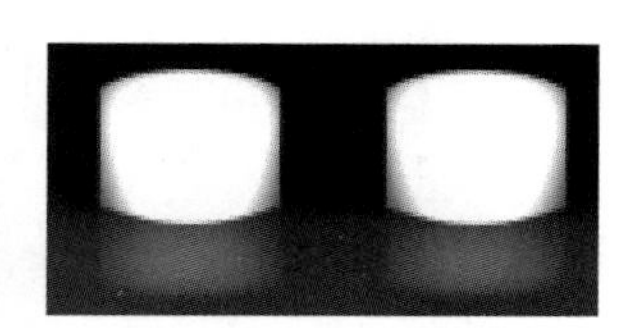

图 6.36

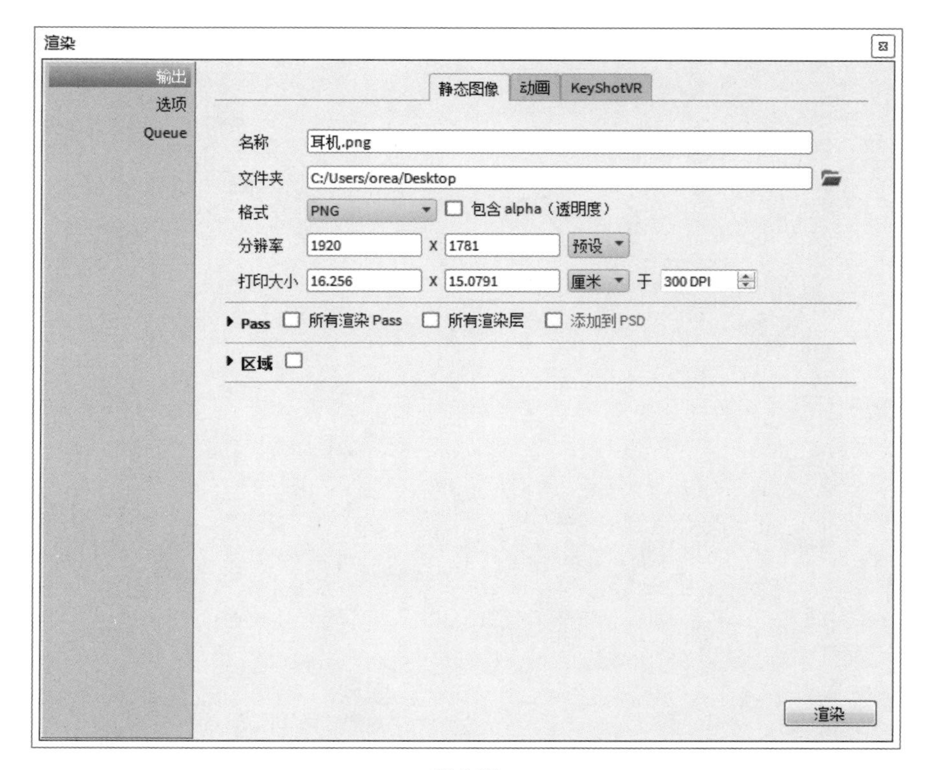

图 6.37

图 6.38

第7章
Chapter 7
结构与装配

7.1 鼠标建模及渲染技法

7.1.1 建模思路

这款鼠标形态较为简单，但是由各种曲面构成且相接圆滑是难点。主要在于制作顶部曲面及中部曲面的过程中会用到多种创建混合曲面的工具。本章将以此鼠标为例，分析探究制作曲面的难点。

关键操作：【从网格建立曲面】、【修剪】工具。

7.1.2 建模步骤

（1）导入背景，利用【放置背景图】工具导入三个视图的实物图，并利用【移动背景图】工具和【缩放背景图】工具移动位置和调节大小。调节时利用【立方体】工具绘制一个辅助长方体，以控制三个视图达到统一，如图 7.1 所示。

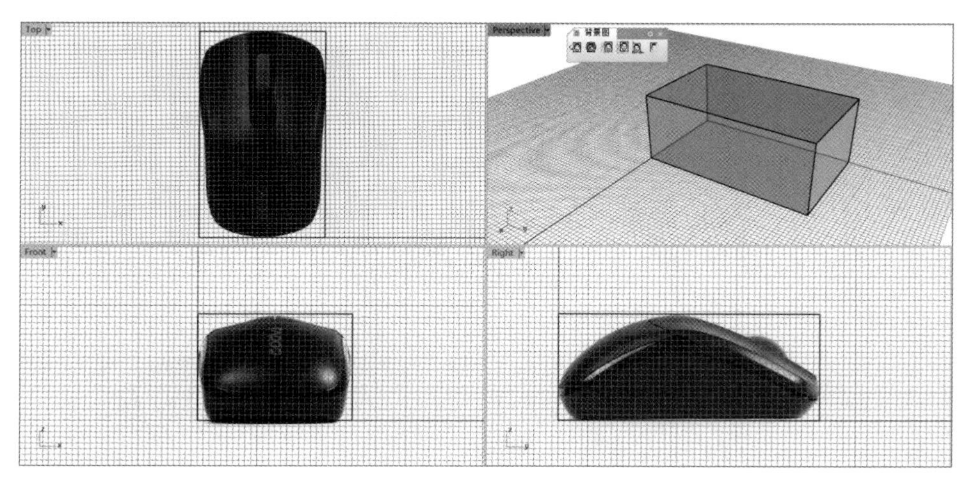

图 7.1

（2）绘制轮廓线。在 Top 视图中利用【控制点曲线】工具沿参考图的轮廓绘制曲线，再利用

【镜像】工具 对称出另一半勾勒出 Top 视图中的鼠标轮廓。再在 Right 视图中将两条曲线向上移动到合适的位置，如图 7.2 所示。

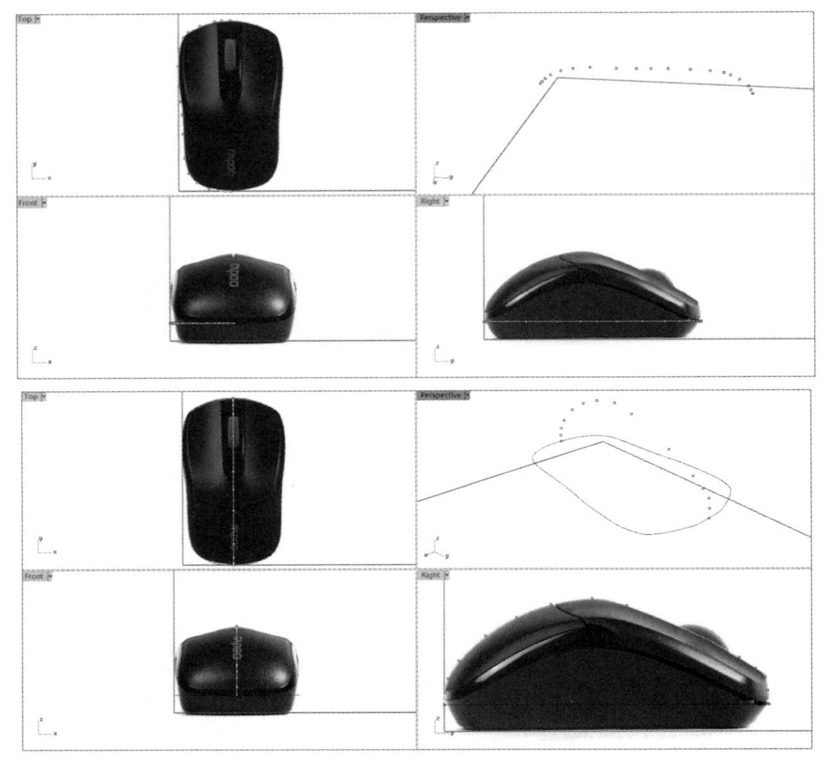

图 7.2

注意：在 Right 视图中利用【控制点曲线】工具 绘制鼠标顶部的曲线，在绘制时注意勾选界面底部状态栏中的【端点】 ☑端点 ☐最近点 和【锁定格点】、【平面模式】和【物件锁点】这几个选项使控制曲线与上一步的曲线相连并处于一个竖直平面内。

（3）画轮廓圆弧，利用【从断面轮廓创建曲面】工具 在三条曲线上绘制三个闭合圆弧，再使用【修剪】工具 剪切掉下半部分，并用【打开编辑点】工具 调整弧度，如图 7.3 所示。

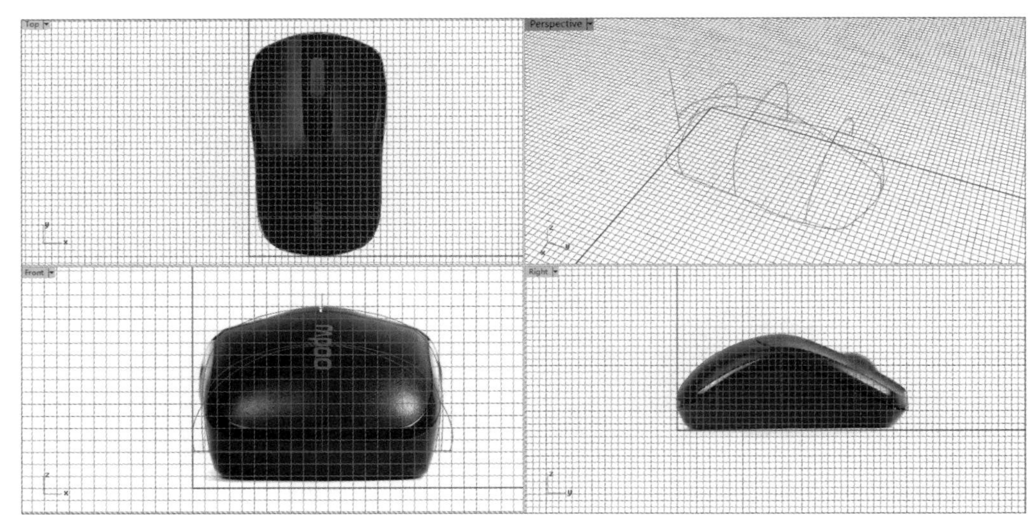

图 7.3

（4）构建鼠标上半部分曲面。

1）构建曲面。利用【指定三个或四个角创建曲面】隐藏工具栏下的【从网格创建曲面】工具构建曲面，效果如图 7.4 所示。

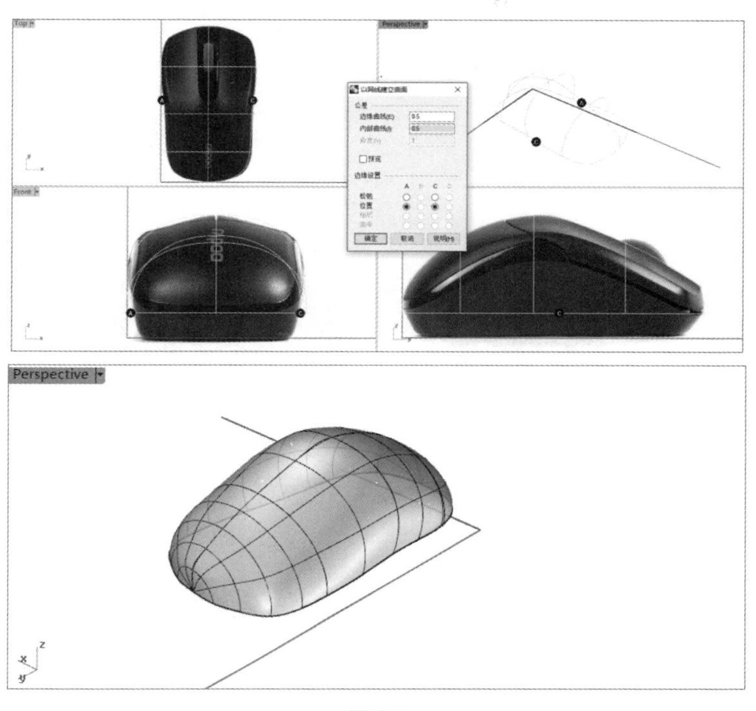

图 7.4

2）切割曲面。在 Right 视图中绘制曲线以割开鼠标的上部与下部，并用【挤出封闭的平面曲线】工具拉成曲面。再用【修剪】工具剪下鼠标的下半部分，效果如图 7.5 所示（此处不用拉伸也可用线切割）。

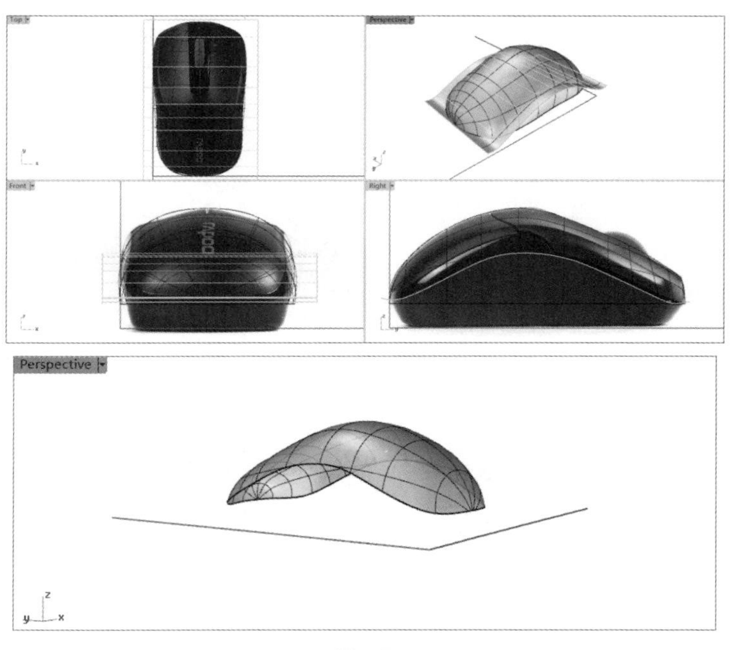

图 7.5

（5）构建下半部分的曲面。

提取轮廓线并投影。单击【投影曲线】隐藏工具栏下的【复制面的边框】按钮提取这一曲面的轮廓线，并在水平线上画一个面，利用【拉回曲面】工具将这一曲线投影到水平面上。单击【缩放】按钮下的【二轴缩放】按钮调整水平面上圆弧的大小，如图 7.6 所示。

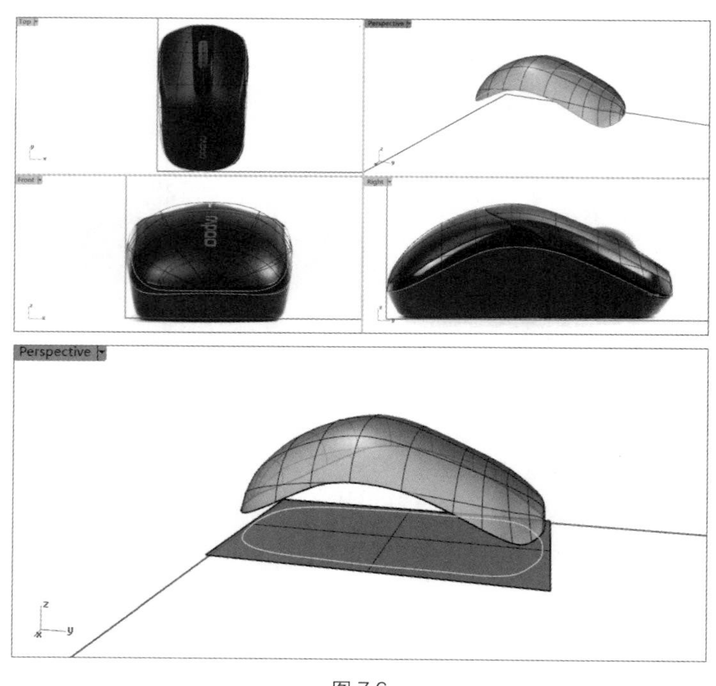

图 7.6

（6）绘制中部曲面。绘制两条线，连接上半部分的面与底面的线，并用【抽离线框】工具使四条曲线构成一个不闭合的曲面，如图 7.7 所示。

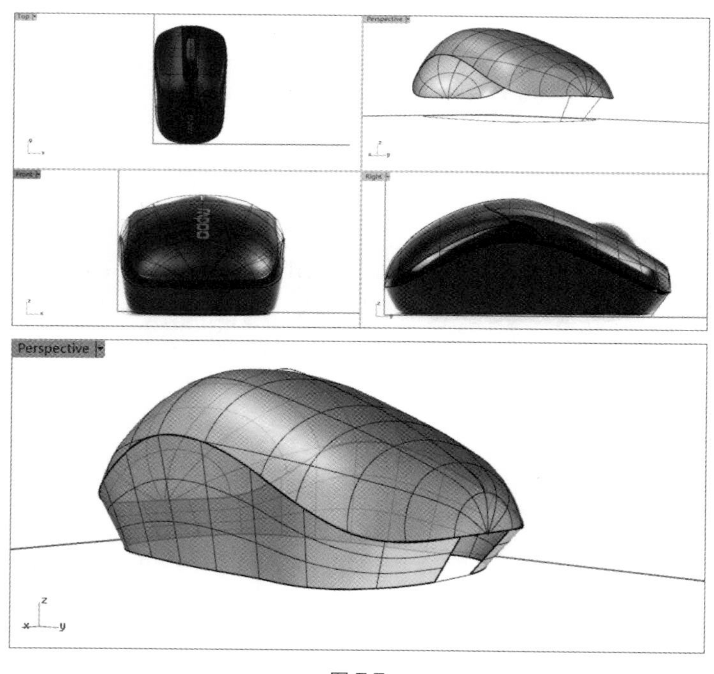

图 7.7

说明：这一步骤中尝试了很多方法，没有避免这个问题，只能用两个面的拼接。

（7）将中部曲面画完整并绘制底面。利用【修剪】工具 对刚才得到的四条曲线进行裁剪，得到四条短线，再用【抽离面的边框】 使四条线构成一个曲面，使用【组合】工具 将得到的小面与步骤（6）中得到的面连接起来，即构成中部的曲面。使用【以平面曲线创建曲面】工具 使底面圆弧构成一个平面，如图 7.8 所示。

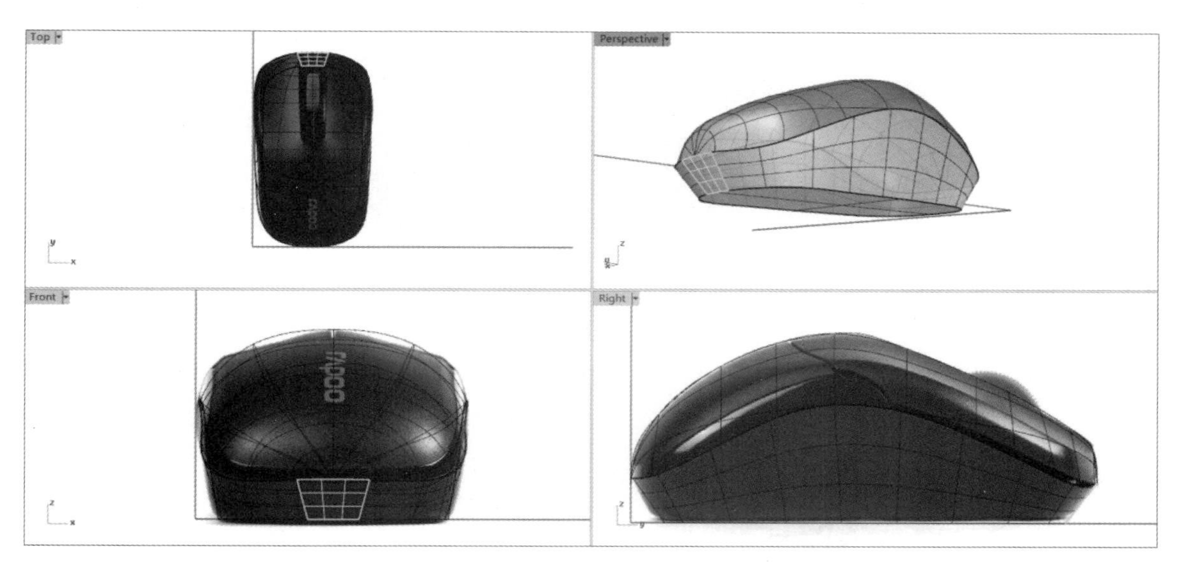

图 7.8

（8）绘制滚轮所在的凹槽。

1）绘制轮廓线。在 Top 视图中依据参考图绘制一段曲线并用【镜像】工具 对称；在 Front 视图中绘制一段曲线并用 对称；在 Right 视图中绘制一段曲线并对称。利用下排的 Osnap（物件锁点）控制点以连接，如图 7.9 所示。

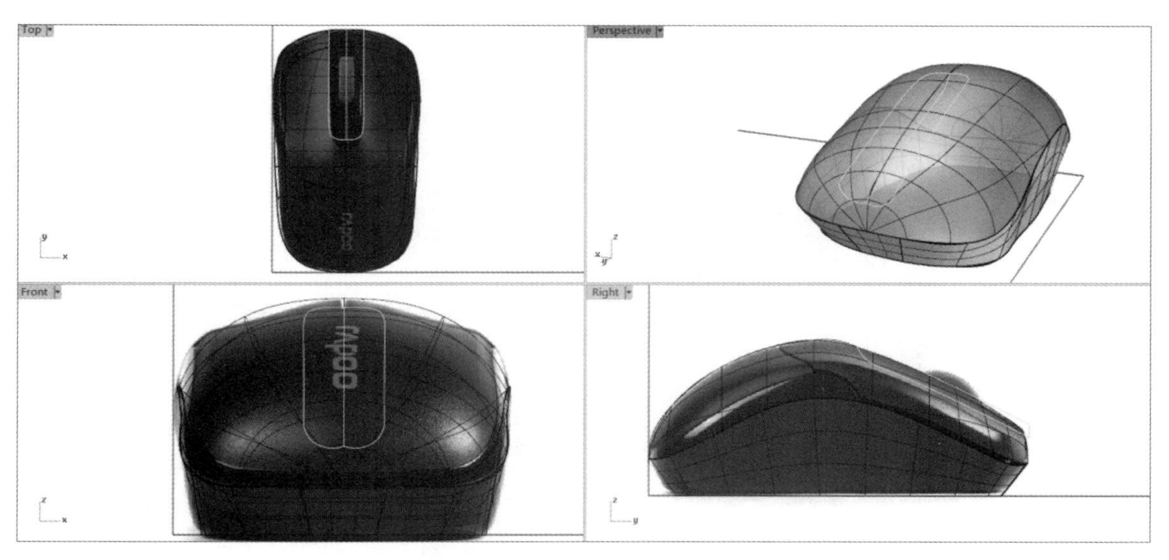

图 7.9

2）形成曲面。利用【从网线创建曲面】工具 将凹槽分为两部分来做，三根曲线分别形成一个平面，如图 7.10 所示。

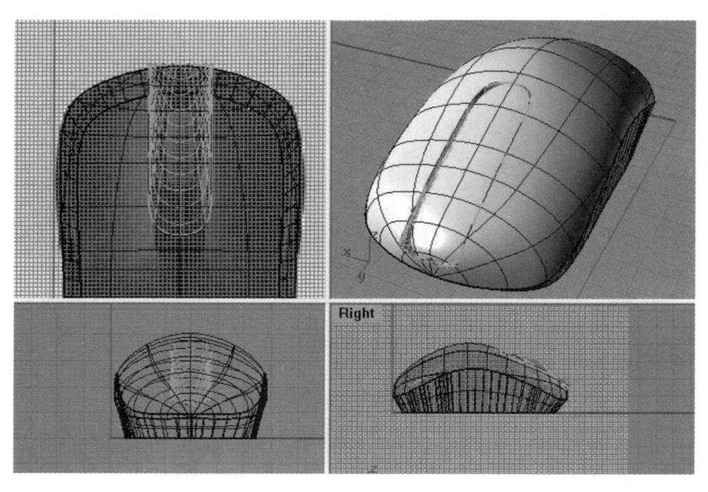

图 7.10

3）进行剪切修正。使用【修剪】工具 进行剪切得到图 7.11。

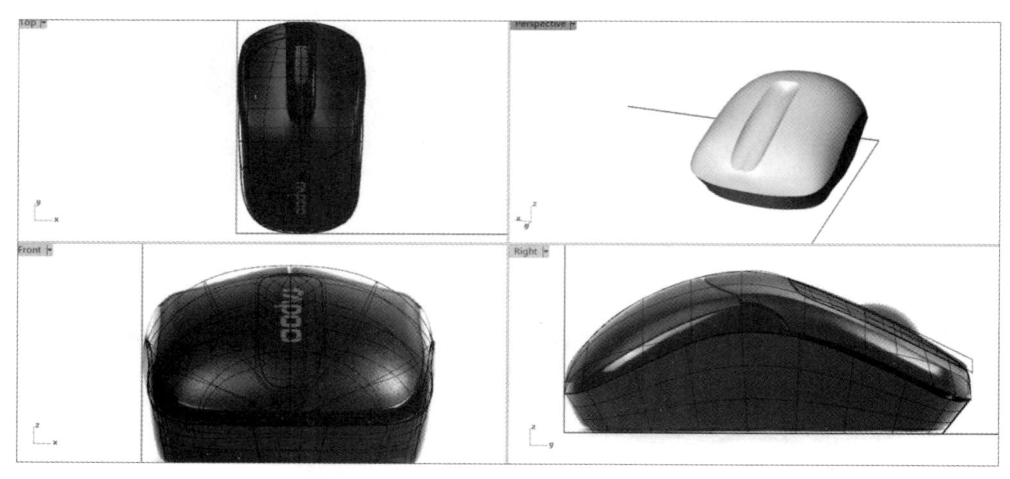

图 7.11

（9）绘制鼠标键。

1）绘制轮廓线。在 Top 视图中绘制如图 7.12 所示的轮廓线。

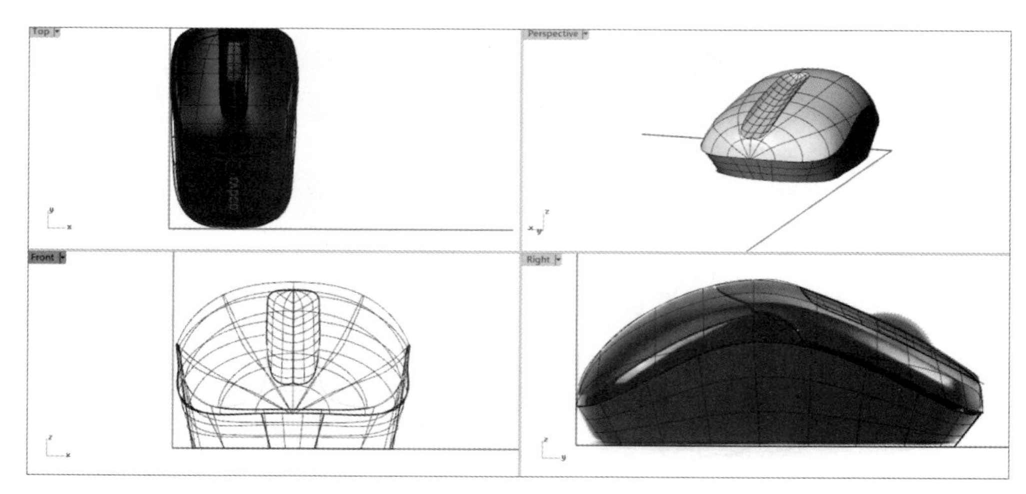

图 7.12

2）构建曲面。利用【挤出封闭的平面曲线】工具将曲线拉成曲面，并利用【旋转】工具旋转到合适的角度，再进行裁剪得到如图 7.13 所示的效果。

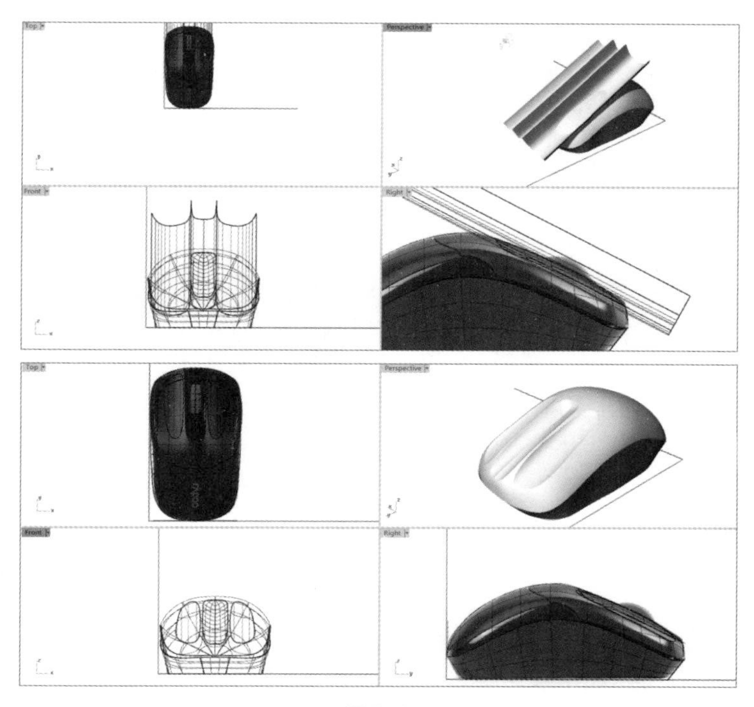

图 7.13

（10）平滑过渡。

1）除去生硬部分。找出步骤（4）中绘制的曲线，进行上下微调，再使用【修剪】工具剪掉中间部分，得到如图 7.14 所示的效果。

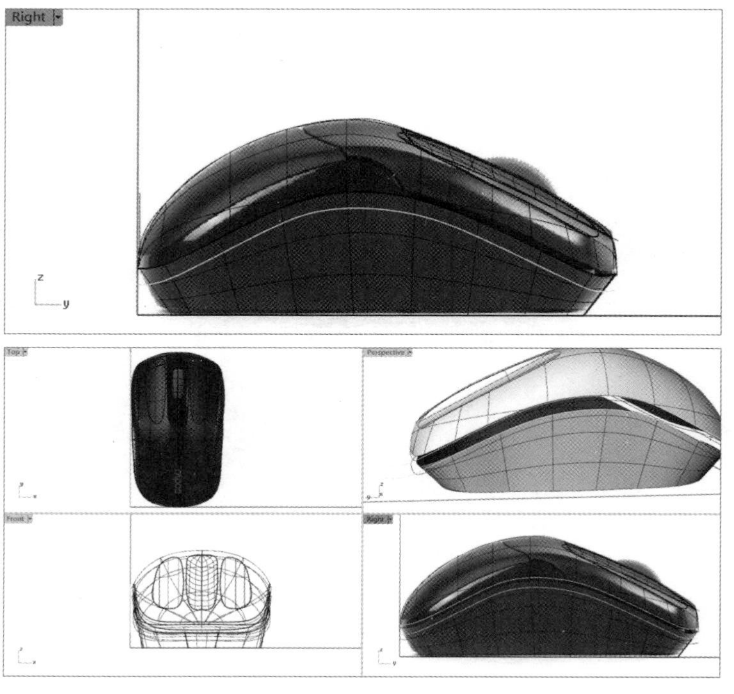

图 7.14

2）进行过渡。使用【混接曲面】工具将两部分进行连接，创建混合曲面，效果如图 7.15 所示（注意由于下半部分是两个平面拼成的，创建混合曲面的时候都要选完整的曲线）。

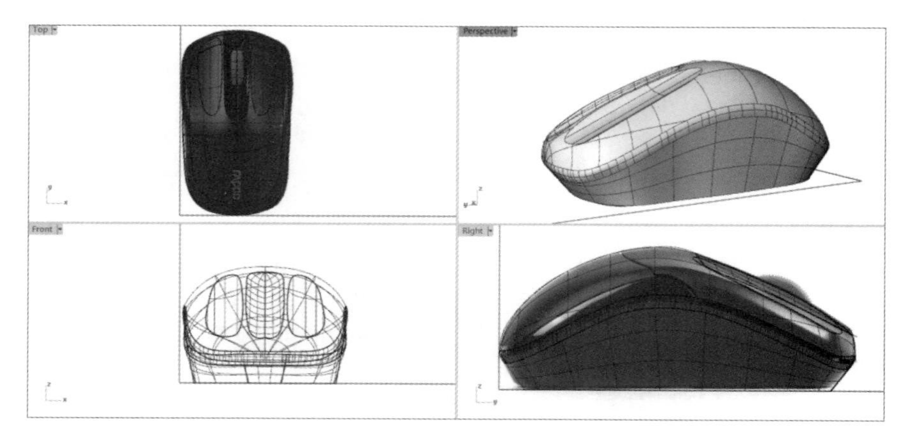

图 7.15

（11）细节的分割。

1）横向。在 Right 视图中绘制如图 7.16 所示的曲线，并用【分割】工具进行分割，得到如图 7.17 所示的效果。

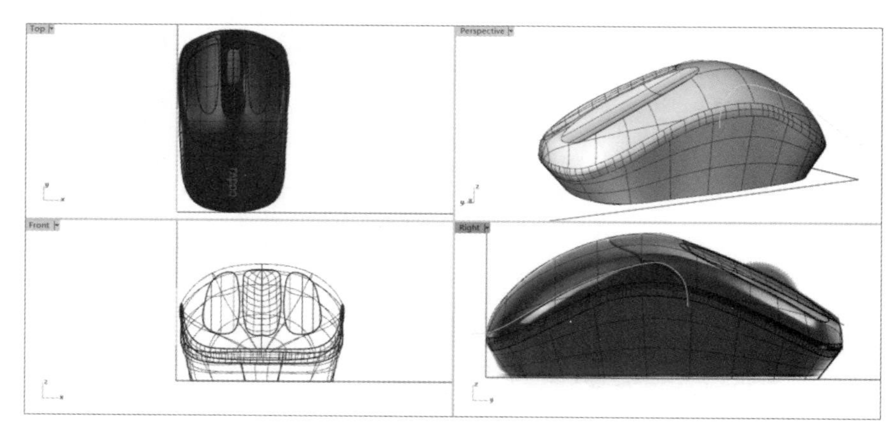

图 7.16

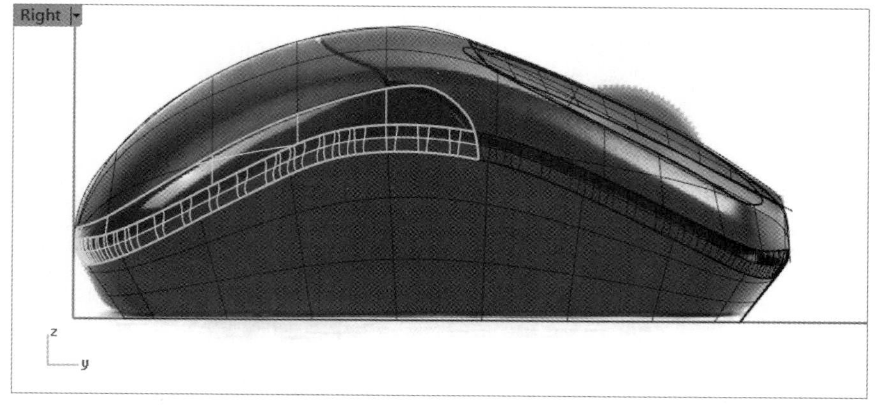

图 7.17

2）纵向。在 Top 视图中绘制如图 7.18 所示的曲线，并用【分割】工具进行分割。

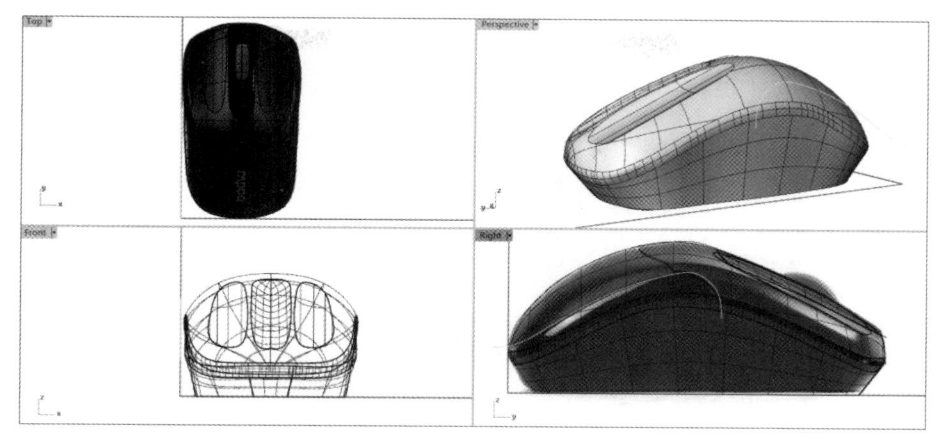

图 7.18

3）制作缝隙。首先利用三条已知的辅助线分别进行位置调整和剪切，再做滚轮中间的缝隙，以中心为对称在 Top 视图做两条直线，并裁剪，如图 7.19 所示。

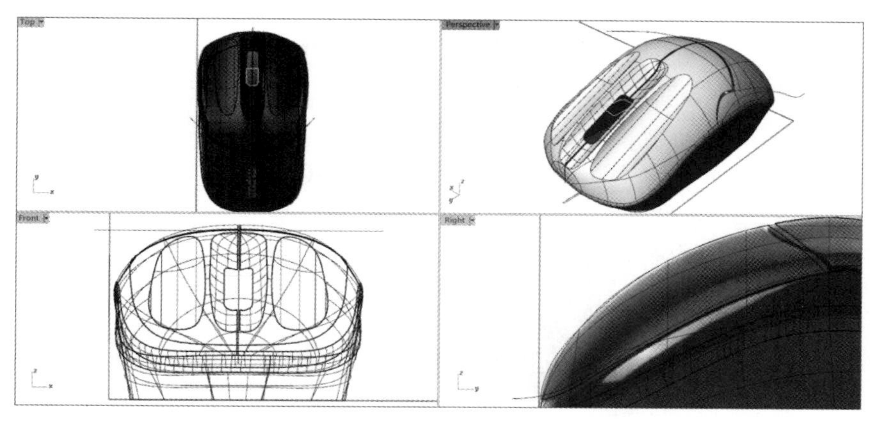

图 7.19

（12）制作滚轮。

1）制作凹槽。在 Top 视图里绘制 1/4 个圆矩形，如图 7.20 所示，再通过【镜像】工具 进行对称和【组合】工具进行组合，再利用剪切工具进行切割。

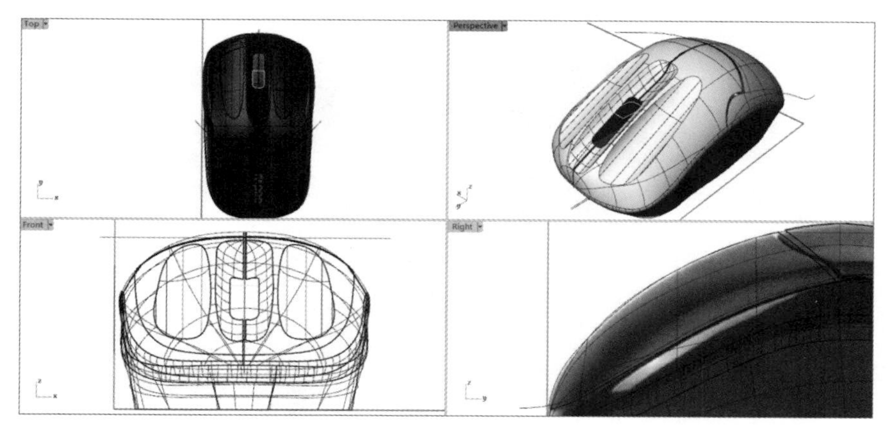

图 7.20

2）制作滚轮大致外形。将上一步得到的 1/2 圆矩形用【二轴缩放】工具 拉伸放大到合适位置，再利用【旋转成型】工具 旋转 360° 为一闭合的滚轮形状，再把它移到合适位置。再利用【复制】工具 复制一个这样的圆柱体，成比例缩小，如图 7.21 所示。

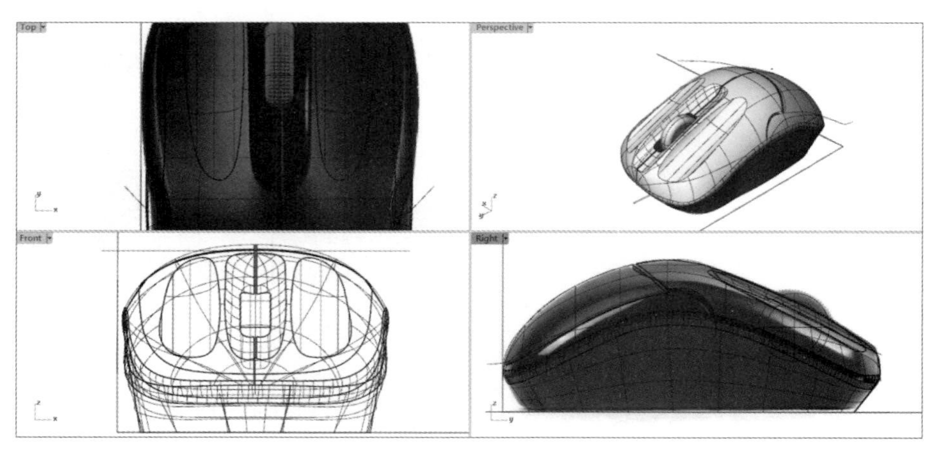

图 7.21

3）滚轮细节。利用【圆柱体】工具 画一个小圆柱并置于合适位置，调节大小。再利用【环形阵列】工具 使其均匀排布（此处设定的数值是 90 个）。再利用【布尔差集运算】工具 进行布尔运算，得到小凹槽，如图 7.22 所示。

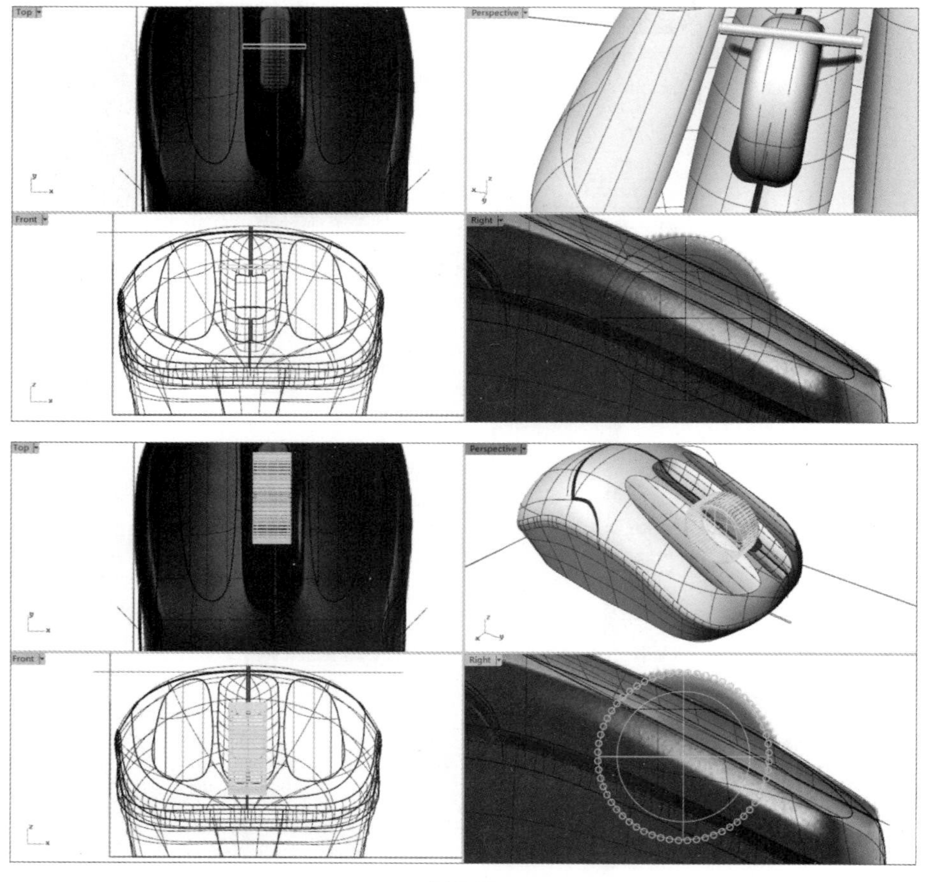

图 7.22

（13）使用【不等距边缘倒角】工具 对底面进行倒角，得到如图 7.23 所示的效果。

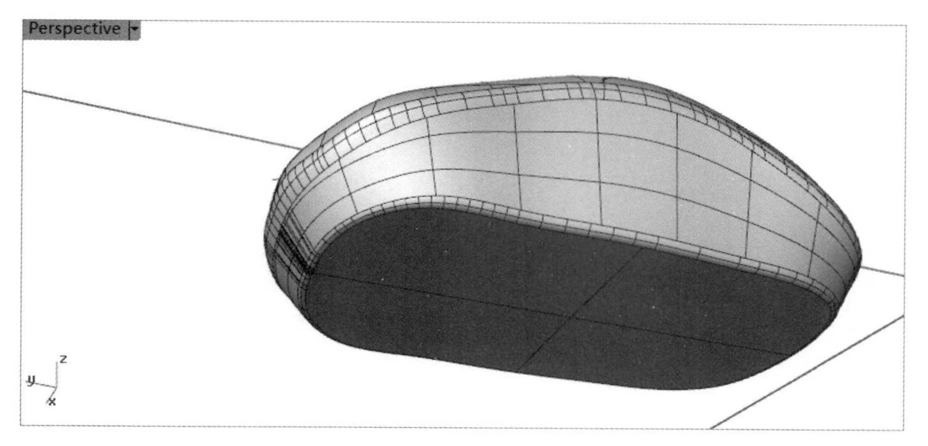

图 7.23

（14）背面字样。利用工具列中的【控制点曲线】工具 在平面上画出字样，再利用【挤出封闭的平面曲线】工具 进行拉伸。移到指定的位置，用【分割】工具 分割拱面。再把材料相同的面组合在一起，效果如图 7.24 所示（注:【文字】工具可直接打字，但系统没有这种字体，所以需要自己画）。

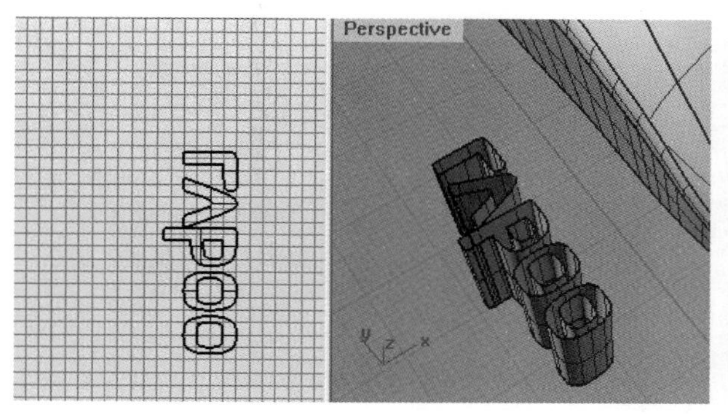

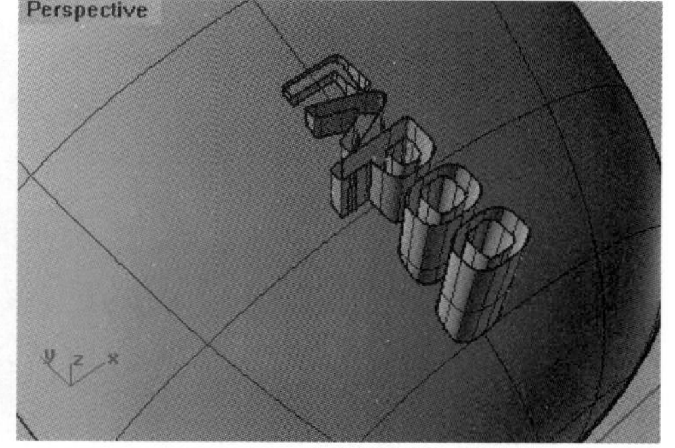

图 7.24

（15）至此，鼠标建模完成，得到如图 7.25 所示的效果。

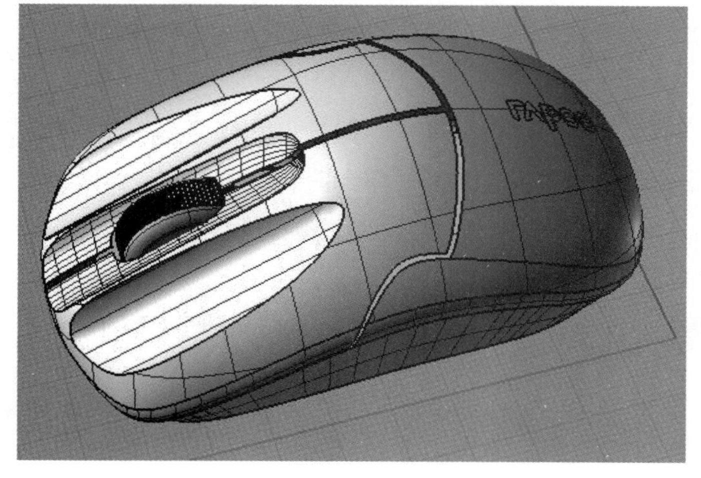

图 7.25

7.1.3 渲染

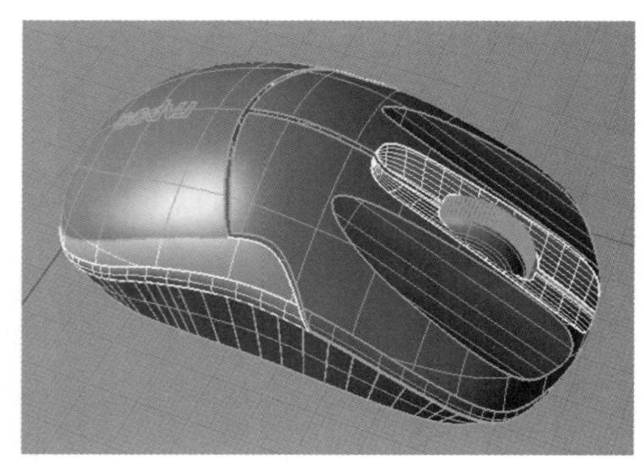

图 7.26

接下来进行渲染，渲染器选择 KeyShot。

（1）先将原图中同样材质的部分分到一个图层中，如图 7.26 所示。

（2）打开 KeyShot，导入文件，然后单击【库】按钮，里面包含材质和环境，如图 7.27 和图 7.28 所示。

图 7.27

1）材质。KeyShot 添加材质的方法是拖曳材质球到相应的图层，每一个图层对应一种材质，所以之前要将 Rhino 模型分好层。

- 主体（黄色图层）：hard rough plastic（硬质粗糙塑料），颜色比黑色稍微浅一些。
- 主体边缘（白色图层）：hard shiny plastic（硬质光滑塑料），黑色。
- 滚轮（绿色图层）：hard rough plastic（硬质粗糙塑料），灰色。

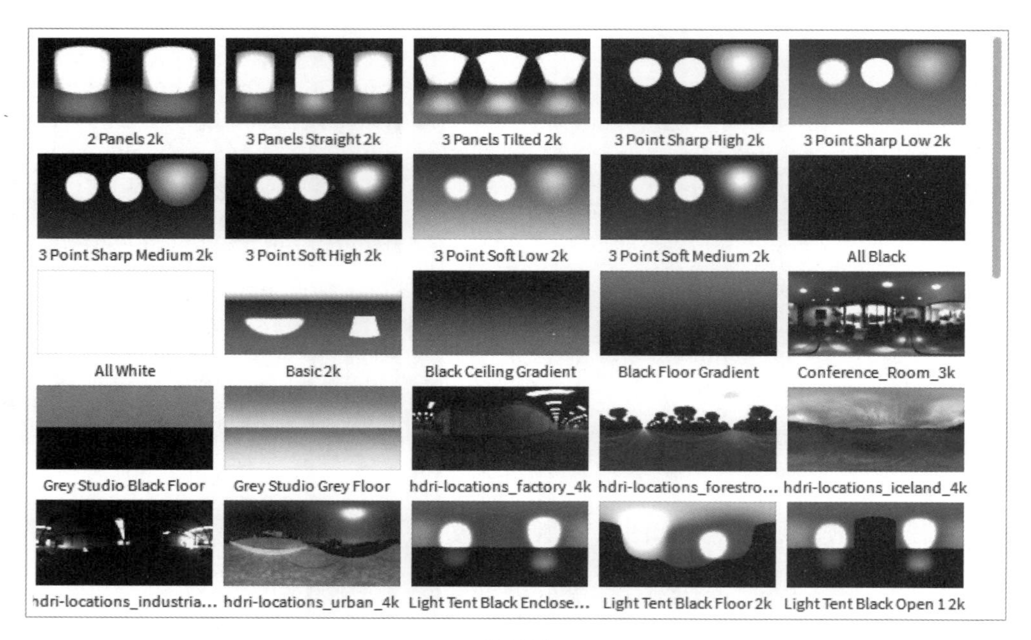

图 7.28

2）环境。此处设置环境为 3 Panels Tilted 2k，如图 7.29 所示。

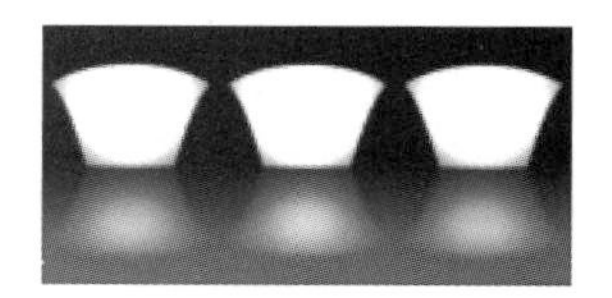

3 Panels Tilted 2k

图 7.29

（3）调整位置，右击模型，选择移动对象，单击箭头并拖动。

单击【旋转】按钮，可以在三个方向旋转模型，本模型仅需在水平方向上旋转，让光线比较均匀地照到表面。

（4）移动到合适位置时，单击【项目】菜单，选择【项目】→【环境】→【背景】→【颜色】，单击如图 7.30 所示的矩形色块，选一个喜欢的背景颜色，这里使用白色，然后就可以渲染了。

图 7.30

单击【渲染】按钮，调整分辨率和画幅大小，进行渲染即可。

（5）效果图。渲染后的鼠标效果图如图 7.31 所示。

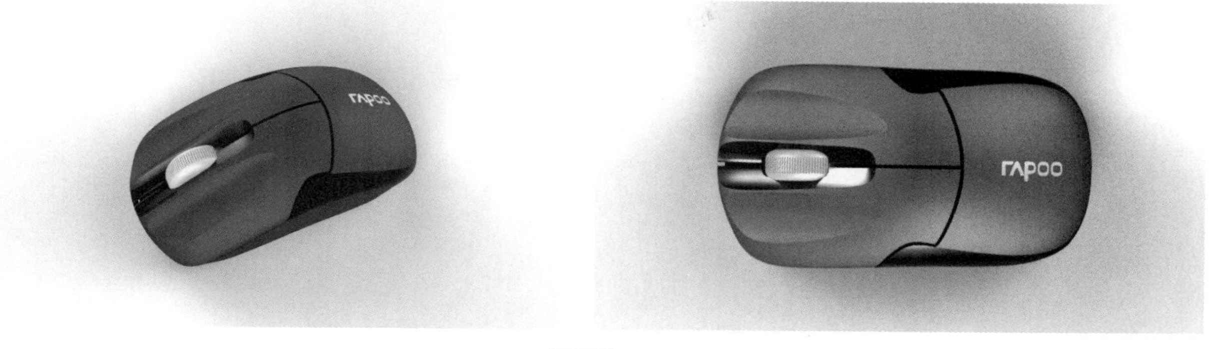

图 7.31

7.1.4　总结与注意事项

绘制曲线要认真。从网格建立曲面对结构线的质量要求比较高，不仅是模型美观上的要求，光顺的曲面更容易进行进一步的倒角、修剪等操作；如果曲线不光顺，既影响曲面的平滑程度，对后面的操作也会造成影响。这也是 Rhino 依靠 NURBS 曲面建模的特点。

渲染时，模型颜色以深色为主，所以背景颜色使用浅色，或直接使用纯白色。可能打开阴影后周围会有灰色的部分，不过并不影响模型的质量，背景只需后期使用 Photoshop 处理即可。

7.2　中性笔的模型建立

7.2.1　建模思路

这款中性笔主要是以圆柱为主体，加之细节的刻画，可以用先零部件后整体的建模思路，完成整个模型。

本书主要训练旋转成型，帮助使用者更好地练习【旋转成型】命令。让使用者能够形成线成面和体的概念。并附有 KeyShot 贴图教程，使模型更加真实。

关键操作:【立方体】、【布尔运算】、【旋转成型】。

7.2.2　建模步骤

（1）导入背景图。使用【四个工作视窗】隐藏工具栏下的【背景图】工具，导入 Top 视图、Front 视图和 Right 视图，注意调整比列大小，如图 7.32 所示。

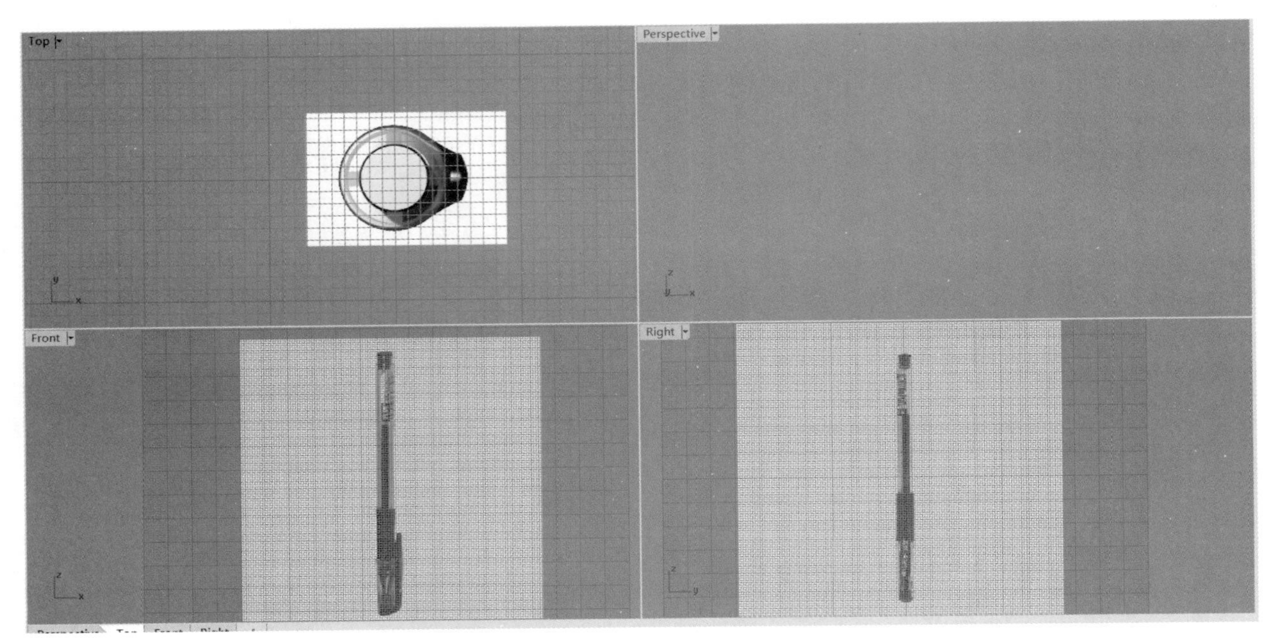

图 7.32

（2）制作笔帽。

1）根据笔帽外轮廓用【控制点】工具 与【多重直线】工具 绘制一条轮廓线，并用【打开点】工具 调整。最终得到如图 7.33 所示的线条。

2）用【旋转成型】工具 以中心线为旋转轴，以 Front 视图大小为界对这条曲线进行旋转，得到如图 7.34 所示的曲面。

图 7.33

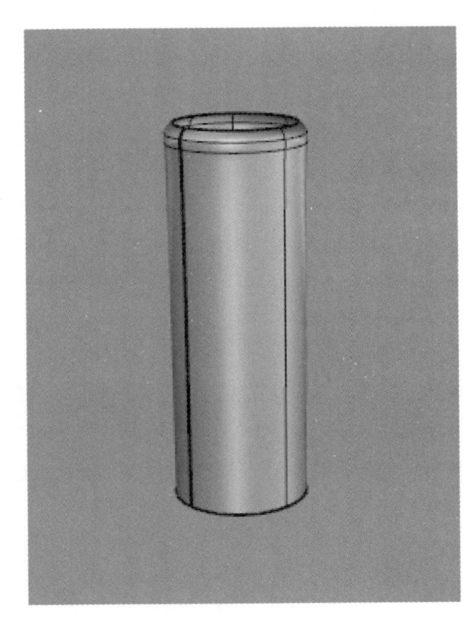

图 7.34

3）使用【复制边缘】工具 复制上边缘，并用【挤出封闭的平面曲线】工具 对这个边缘进行拉伸，形成笔帽的内壁，如图 7.35（a）所示。根据轮廓绘制这样的曲线。将多余的地方用【修剪】工具 进行裁剪，如图 7.35（b）所示。

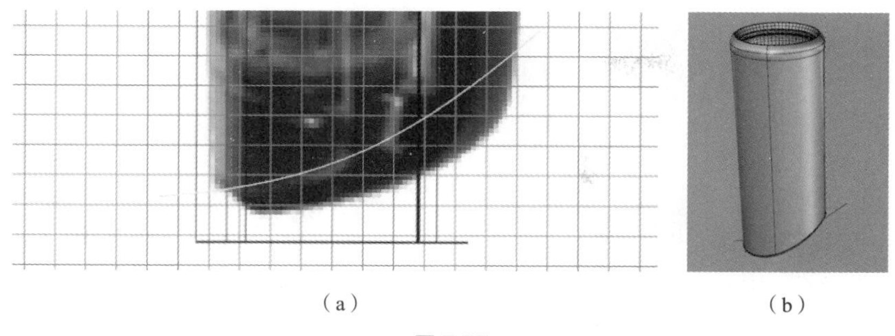

（a）　　　　　　　　　　　　（b）

图 7.35

4）用【双轨扫掠】工具 将下边的缝隙补齐，并用【曲面圆角】工具 做圆角处理。然后用【多重直线】工具 画出里边的卡槽轮廓线，如图 7.36（a）所示，用【挤出封闭的平面曲面】工具 拉伸成实体，并用【环形阵列】工具 阵列出四个，如图 7.36（b）所示。

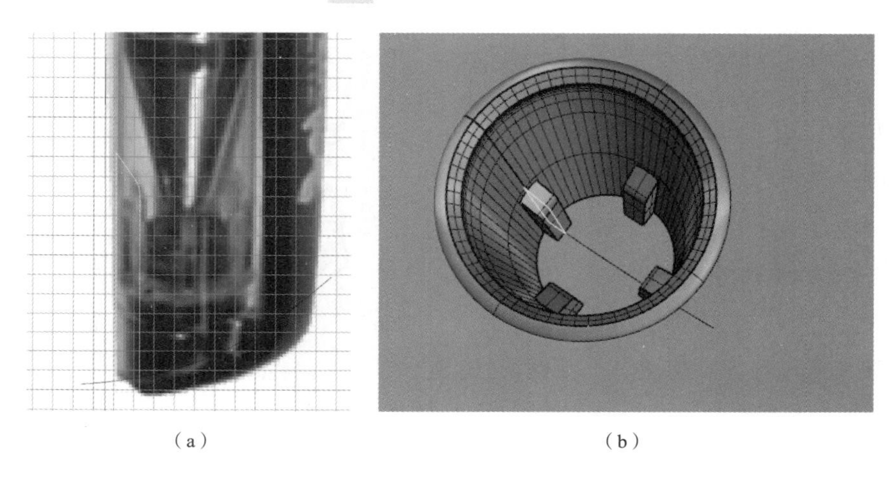

（a）　　　　　　　　　　　　（b）

图 7.36

5）根据三视图，利用【控制点曲线】、【圆】、【混接曲线】、【打开点】、【镜像】工具做出一条笔帽轮廓线，如图 7.37（a）所示。然后复制，如图 7.37（b）所示。再利用【放样】工具 完成边缘轮廓，再画出横截面曲线（注意弧度），用【双轨扫掠】工具 补齐两个面，如图 7.37（c）所示。

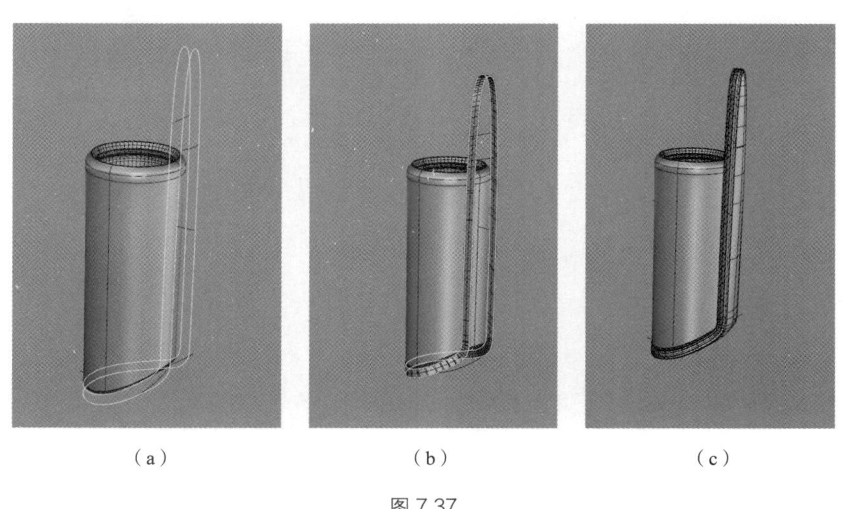

（a）　　　　　　（b）　　　　　　（c）

图 7.37

6）用【圆柱】工具 创建里边的小笔垫，用【修剪】工具 对曲线进行修剪，并做圆角处理。如图 7.38（a）所示，然后利用【组合】工具 进行组合。至此，整个笔帽就完成了，效果如图 7.38（b）所示。

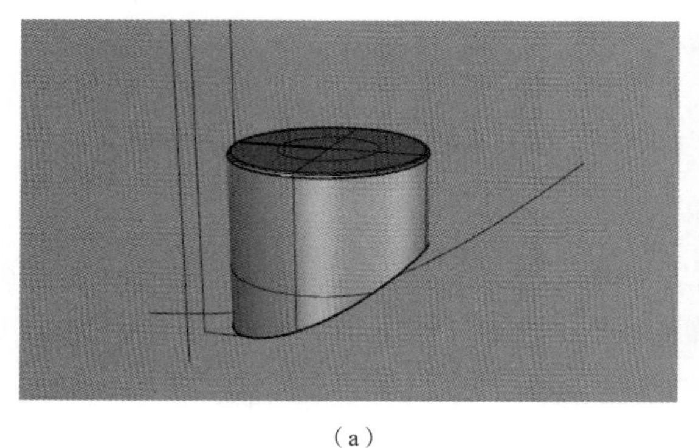
（a）

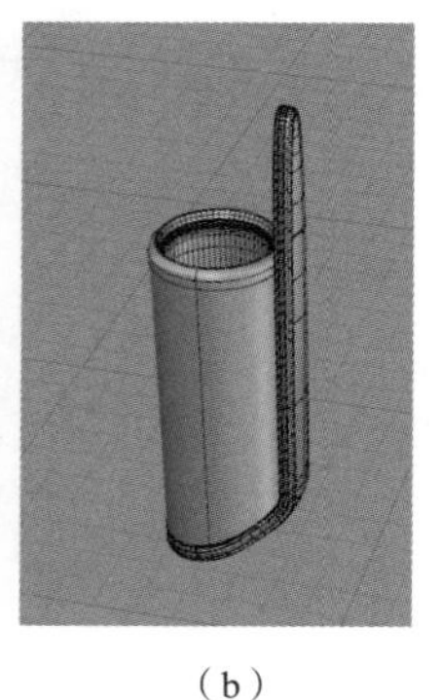
（b）

图 7.38

（3）制作金属帽。用【多重直线】工具 根据 Front 视图绘制这样的折线，加以厚度形成封闭的线框，如图 7.39（a）所示。用【旋转成型】工具 以笔的中心轴为旋转轴旋转 360° 成型，并以 Top 视图为参考。然后用【不等边缘圆角】工具 和【曲面圆角】工具 加圆角，并调整合适的角度，如图 7.39（b）所示。

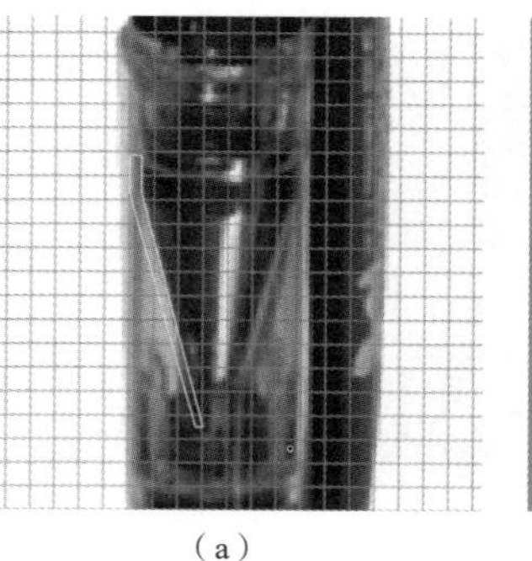
（a）

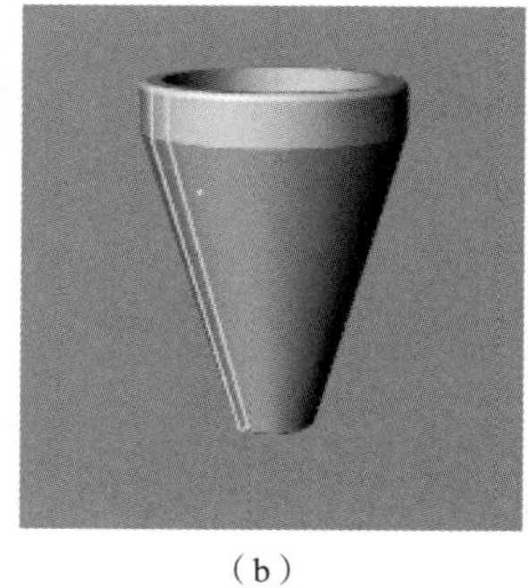
（b）

图 7.39

（4）制作笔芯。根据笔芯的形状，用【控制点曲线】、【多重直线】、【组合】工具画出整个侧面轮廓，如图 7.40（a）所示。然后用【旋转成型】工具 旋转 360° 成型。再画一个圆圈，制作外壁，用【放样】工具 补齐壁厚，如图 7.40（b）所示。

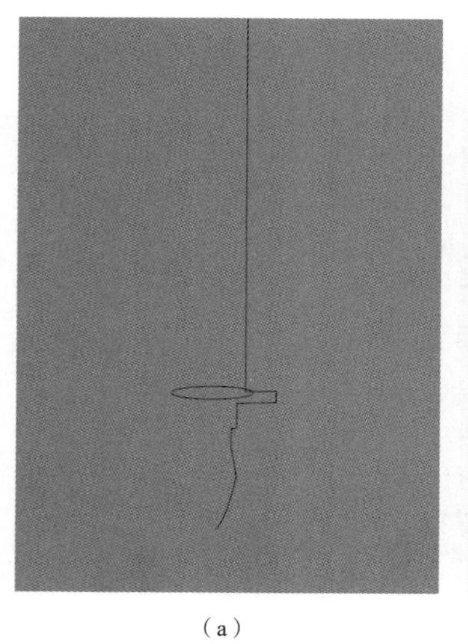
（a）

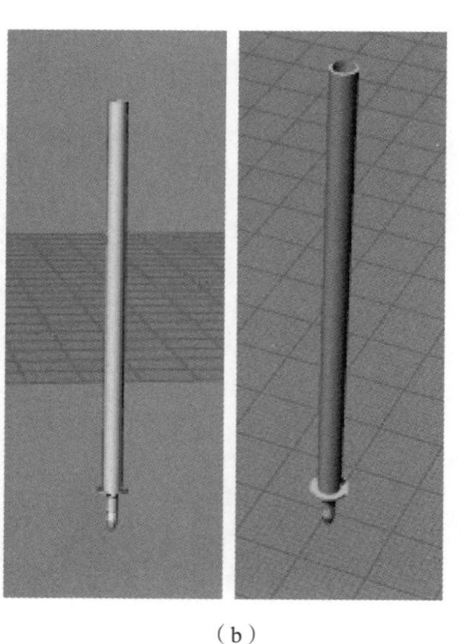
（b）

图 7.40

（5）制作外壳。

1）根据外壳轮廓用【多重直线】工具 绘制线条，并且用【组合】工具 进行组合，如图 7.41（a）所示。然后用【旋转成型】工具 进行成型处理，再用画线工具进行画线画出笔筒上边的盖子如图 7.41（b）和图 7.41（c）所示。并用【旋转成型】工具，制作出笔盖。分图层，改颜色，如图 7.41（d）所示。

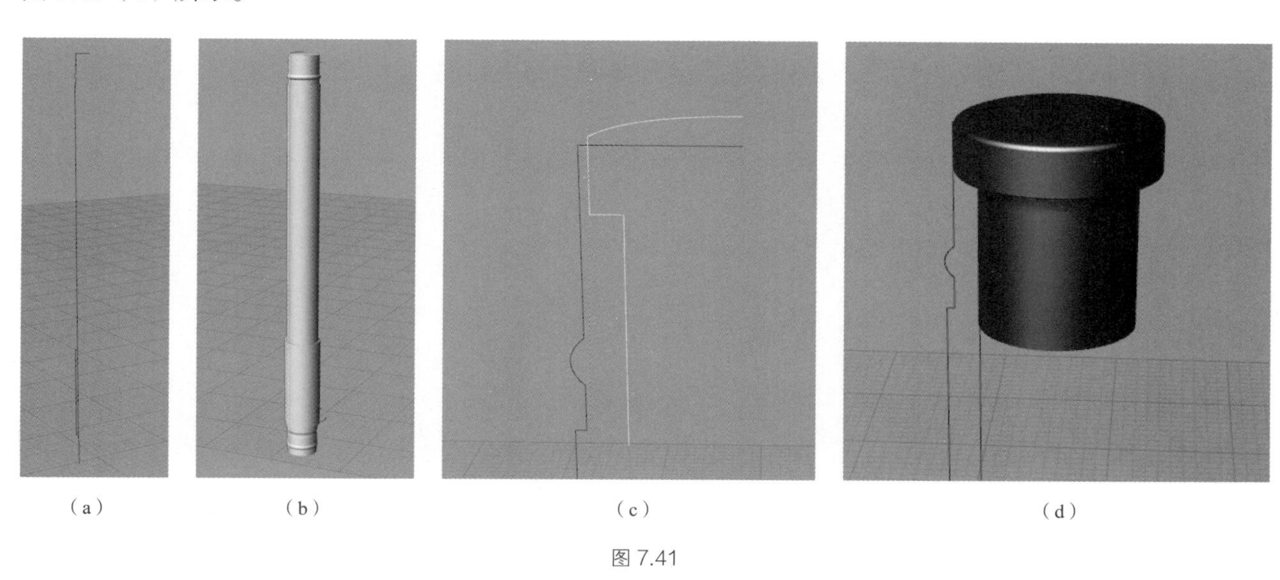

（a）　（b）　（c）　（d）

图 7.41

2）使用【炸开】工具 将笔筒炸开，去除多余部分，然后根据笔盖的下轮廓拉伸 创建笔筒的内壁。然后在笔筒的抓手部分，进行圆角处理，并用【圆：中心点、半径】工具 画出圆圈，用【矩形阵列】、【环形阵列】工具 围绕抓手部分排列。之后用【线切割】工具 对抓手部分进行分割，并用【圆角】工具 进行处理，最终效果如图 7.42 所示。

（6）按照三视图对所有零件使用【三轴缩放】工具 进行放缩、装配，完成建模，如图 7.43 所示。

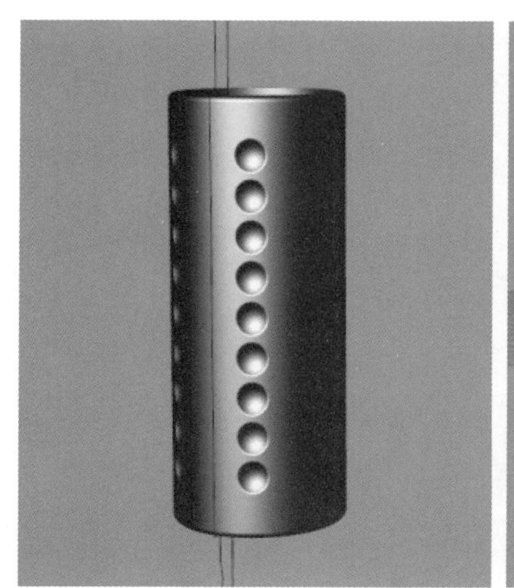

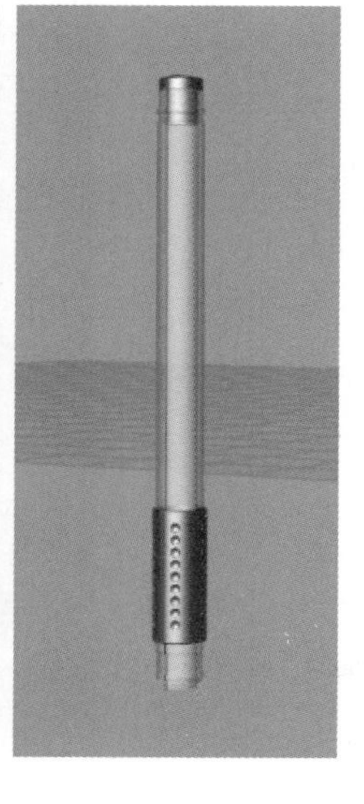

图 7.42

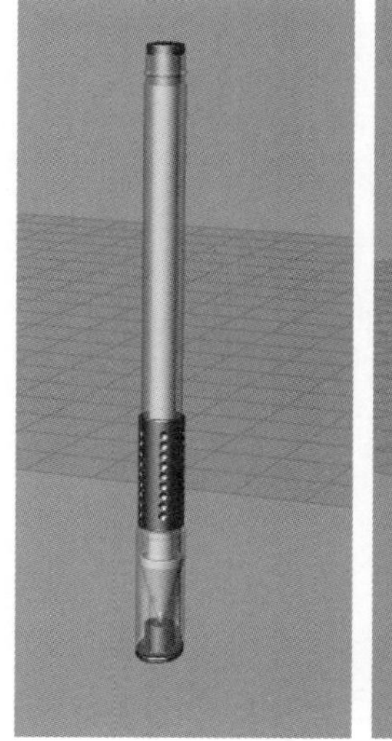

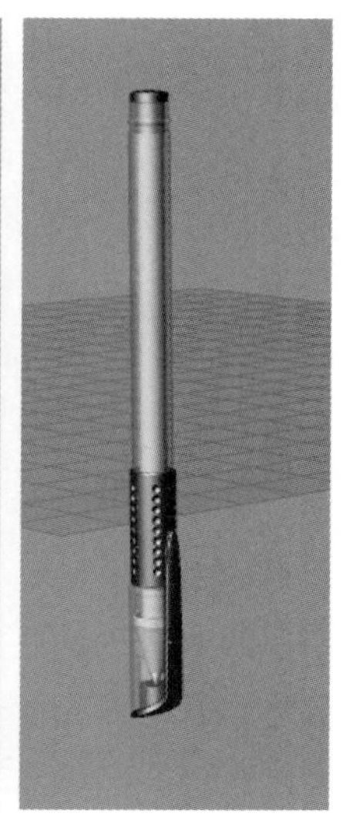

图 7.43

7.2.3 渲染

（1）标签 KeyShot 贴图。用 Photoshop 制作这样一张标签备用，如图 7.44 所示。

（2）打开 KeyShot，调好各种设置，效果如图 7.45 所示。

图 7.44　　　　图 7.45

（3）打开【项目】选项 ，单击要贴标签的材质部分，在弹出的对话框中，单击【标签】，导入之前处理过的图，用鼠标调整相应的位置，然后缩放大小，使之合适，如图 7.46 所示。

图 7.46

（4）单击【渲染】按钮，调整分辨率和画幅大小，渲染即可，得到如图 7.47 所示的效果图。

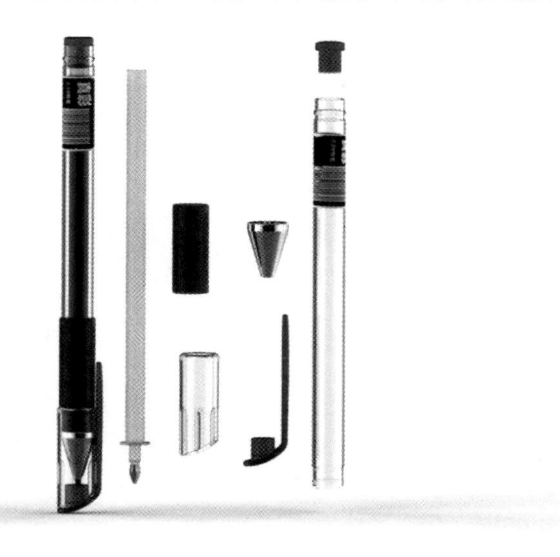

图 7.47

第8章

Chapter 8

Rhino与T-Spline练习：创建眼镜

8.1 Rhino 创建眼镜

8.1.1 建模思路

先进行大体形态的创建，然后利用【不等距边缘圆角】、【弯曲】等工具创建曲面，再对曲面进行修剪调整，最后得到想要的眼镜形态。

8.1.2 建模步骤

（1）单击【背景图】按钮导入背景图，利用【控制点曲线】工具画出镜框边缘曲线，利用【打开点】工具进行调节，利用【挤出封闭的平面曲线】工具拉伸成体，如图 8.1 所示。

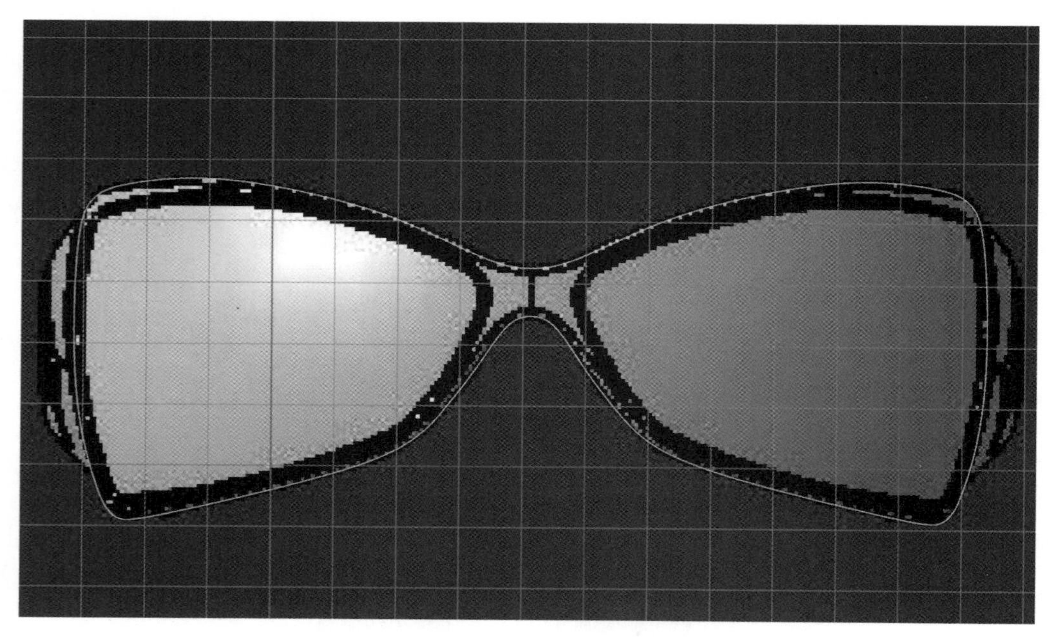

图 8.1

（2）利用曲线将镜片形状画出，利用【镜像】工具镜像出另一个，如图 8.2 所示。

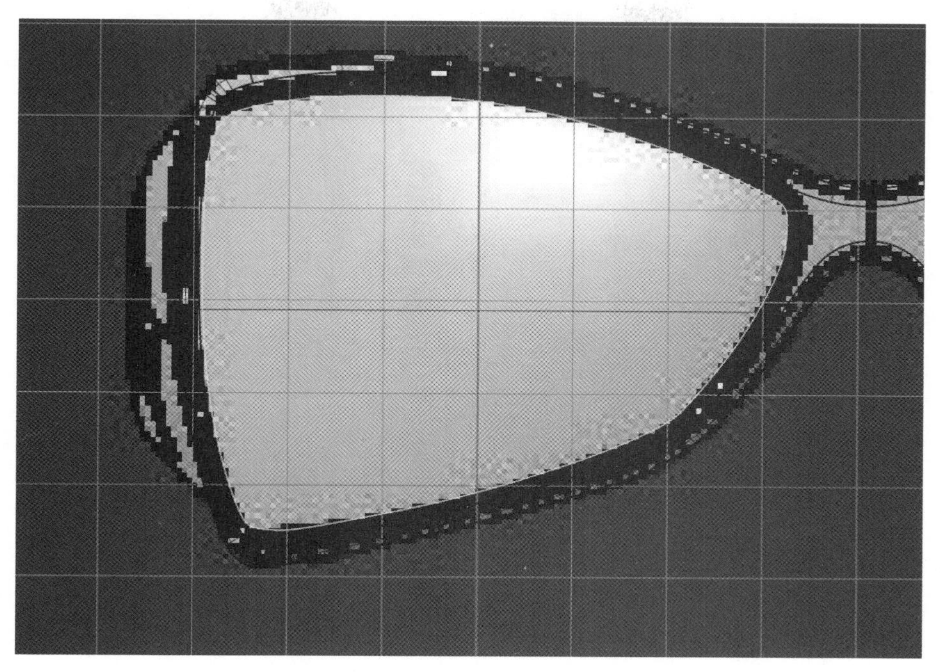

图 8.2

（3）利用【布尔运算差集】工具进行裁切，利用【不等距边缘圆角】工具将边缘进行圆角处理，圆角半径为 0.5mm，如图 8.3 所示。

图 8.3

（4）将内圈同样进行圆角处理，半径为 0.2mm，如图 8.4 所示。

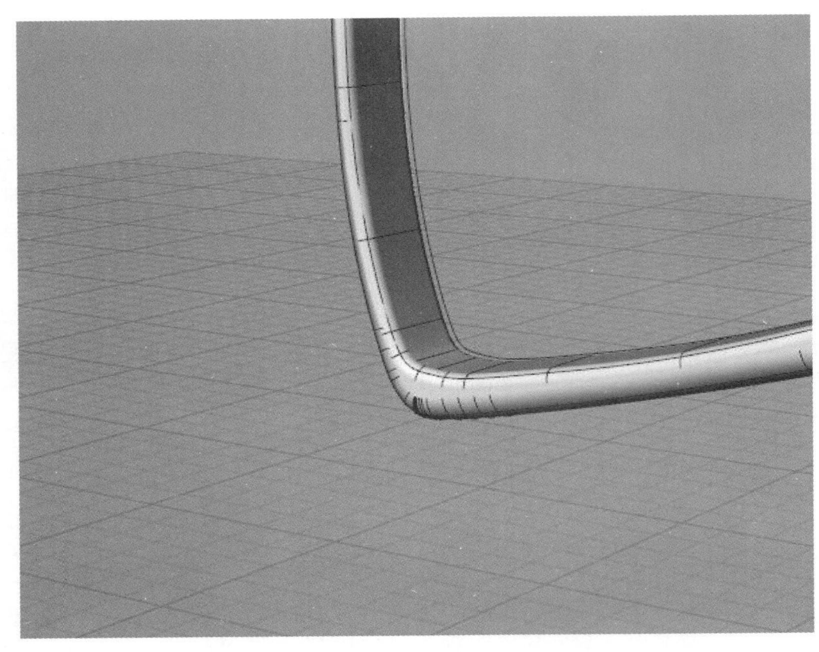

图 8.4

（5）利用之前的镜片曲线生成镜片，利用【弯曲】工具 在三视图中调整弧度，如图 8.5 所示。

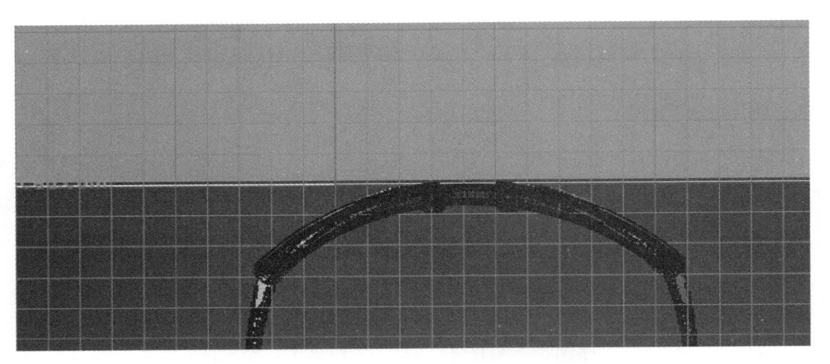

图 8.5

（6）利用曲线画出镜腿的形状，利用【挤出封闭的平面曲线】工具 拉伸成体，如图 8.6 所示。

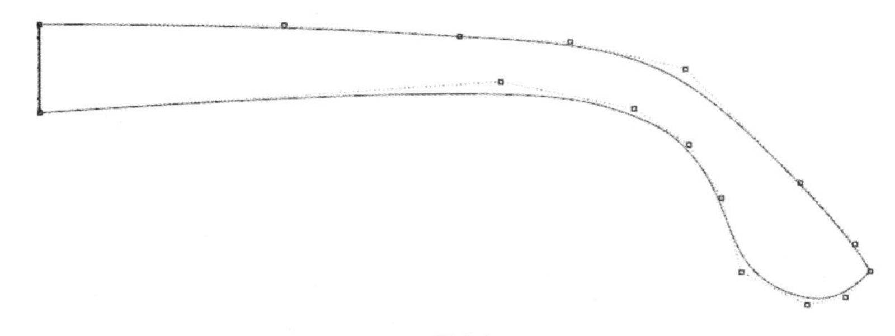

图 8.6

（7）利用【不等距边缘圆角】工具 将镜腿进行圆角处理，半径为 0.5mm，利用曲线画出鼻托形状，同样利用【挤出封闭的平面曲线】工具 将鼻托曲线拉伸成体，利用【不等距边缘圆角】工具 进行圆角处理，半径为 0.2mm，如图 8.7 所示。

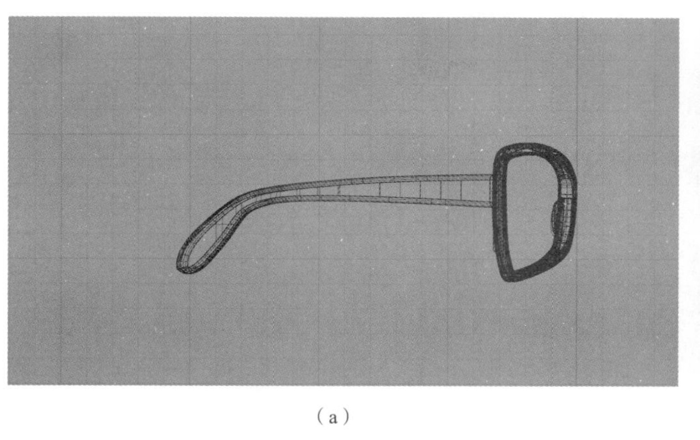
（a）

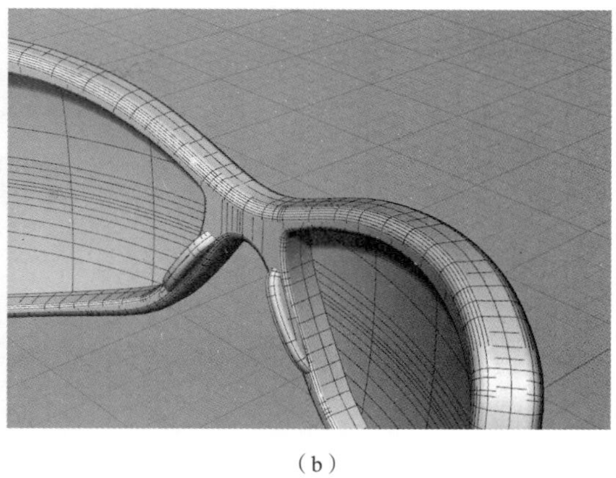
（b）

图 8.7

（8）做出镜框和镜腿间的连接结构，主要在画完基本形状的曲线后利用【封闭的平面曲线】工具拉伸成体，再进行【分割】、【旋转】，再加上螺钉，如图 8.8 所示。

（a）

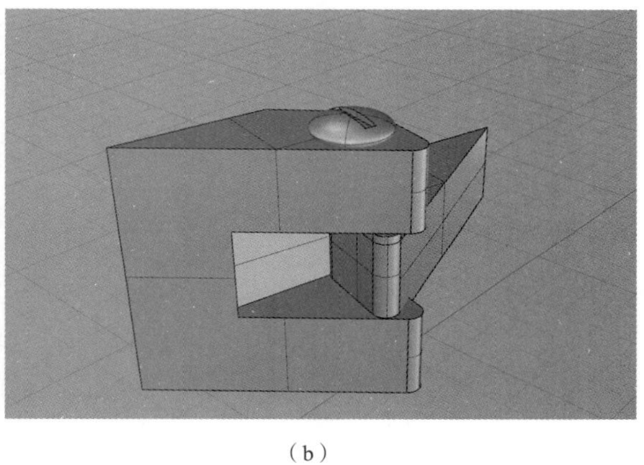
（b）

图 8.8

（9）再对曲面进行修剪调整，完成的眼镜图，如图 8.9 所示。

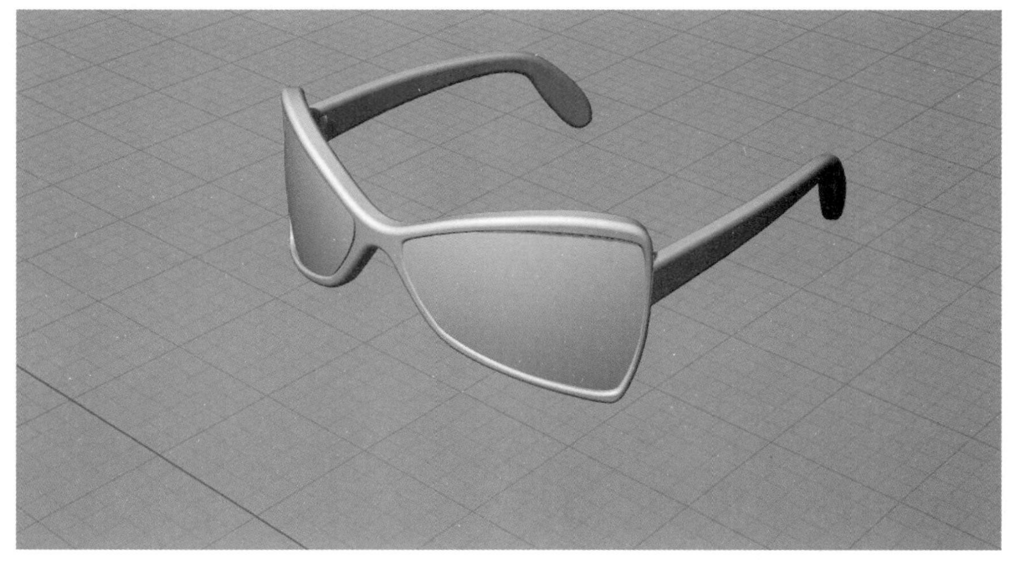

图 8.9

8.1.3 文件整理

单击【文件】→【保存文件】命令，将文件命名为“眼镜”，存储格式为 *.3dm，如图 8.10 所示。

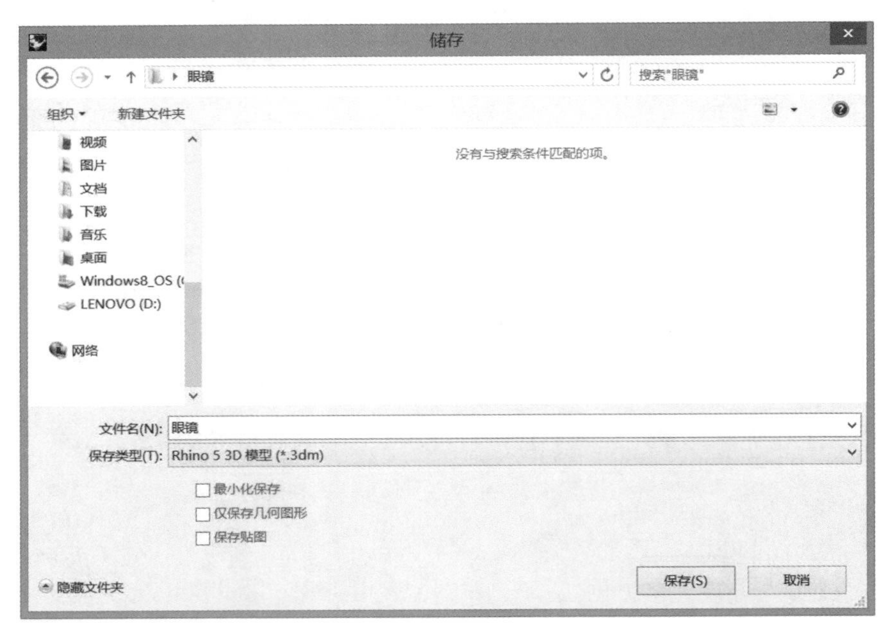

图 8.10

8.1.4 渲染效果图

眼镜渲染效果图如图 8.11 所示。

图 8.11

8.2 T-Spline 创建眼镜

8.2.1 建模思路

T-Spline 适合进行大体的形态建模，可以随意地对面或者体进行调整，不需要用到很复杂的命令。用

T-Spline 来创建眼镜，主要通过创建 box，不断挤出面和体，然后再进行调整，得到需要的眼镜形态。

8.2.2 建模步骤

（1）单击 T-Spline 工具栏的【Box】按钮 ，新建一个 box，如图 8.12 所示。

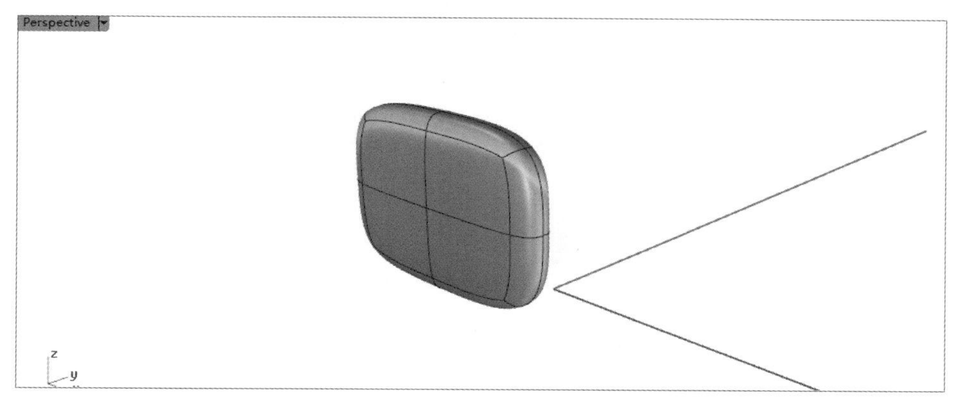

图 8.12

（2）单击【Face（开启面）】按钮 ，选择如图 8.13 所示的面，单击【Extrude faces, edges, or curves（挤出）】按钮 ，重复挤出 4 次，然后得到如图 8.14 所示的体。

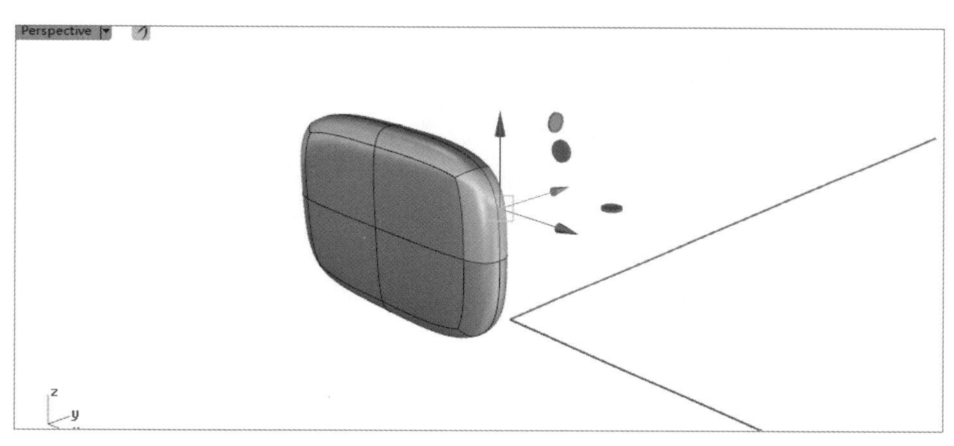

图 8.13

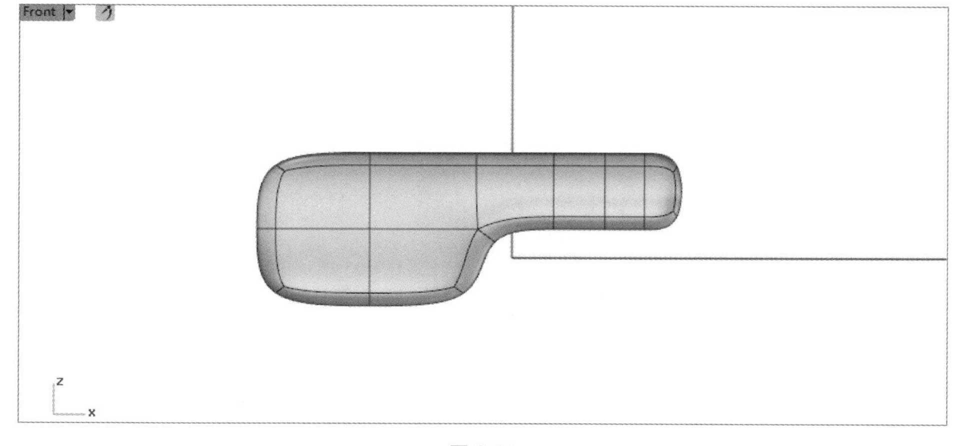

图 8.14

（3）将如图 8.15 所示的面再挤出一次，得到如图 8.16 所示的形态。

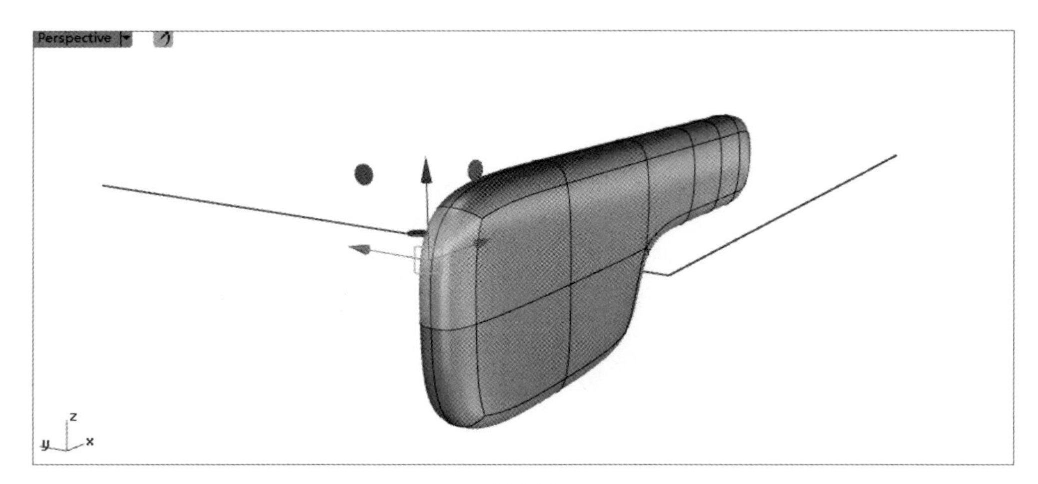

图 8.15

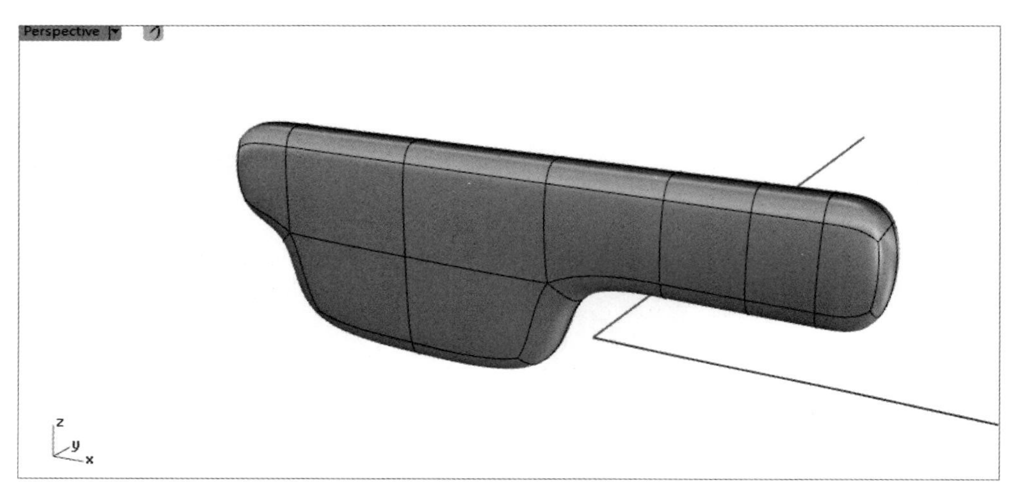

图 8.16

（4）打开控制点，按如图 8.17 所示选择点，然后单击 Rhino 的【旋转】按钮 旋转 90° 。

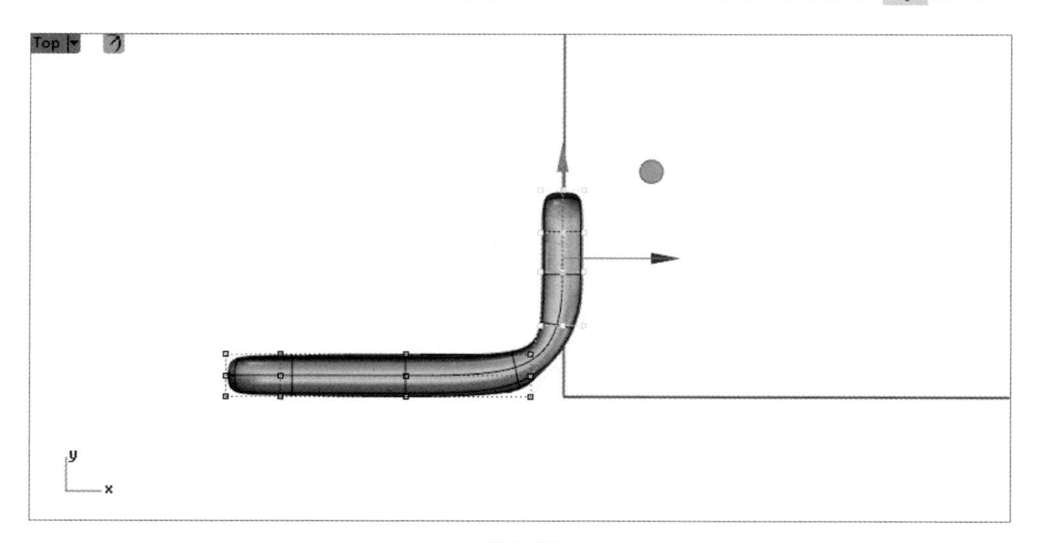

图 8.17

（5）接着进行控制点操作，对这部分进行塑型，即移动、缩放、旋转，如图 8.18 和图 8.19 所示。

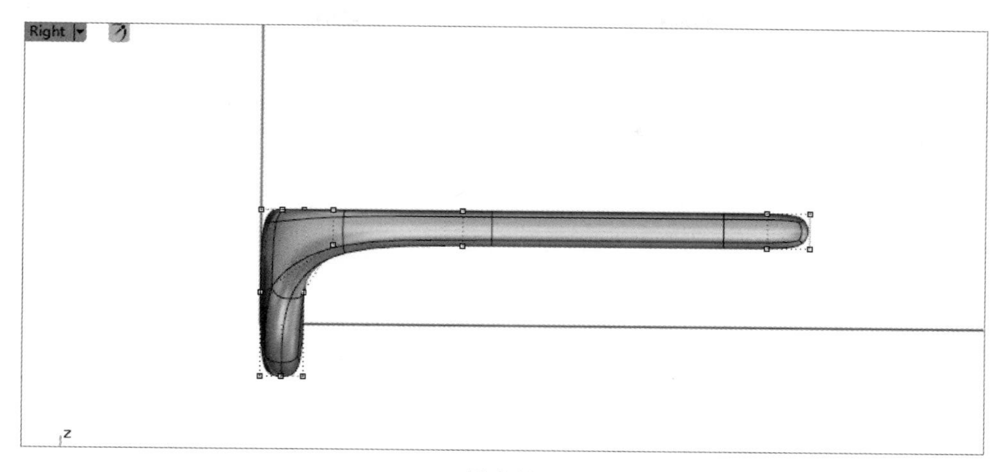

图 8.18

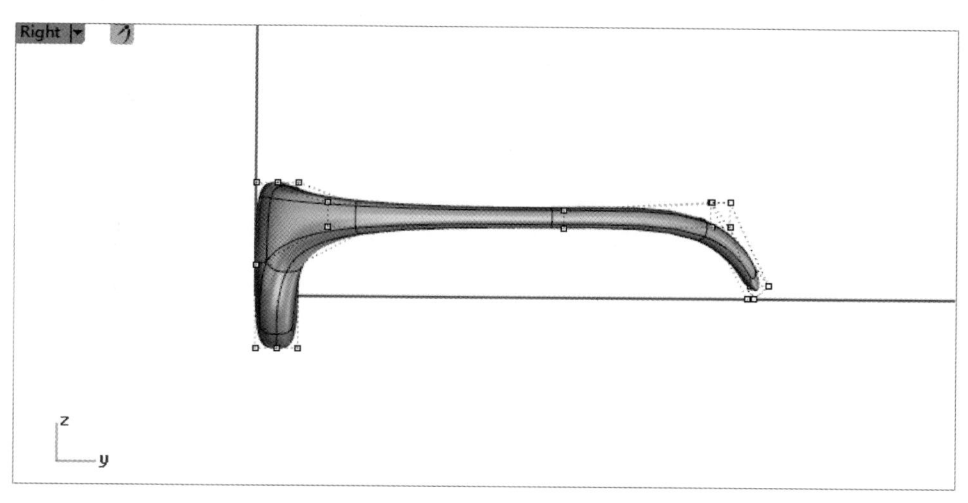

图 8.19

（6）单击【Smooth toggle（平滑地切换）】按钮，将模型转成多边形的形态，选择如图 8.20 所示面，并删除。

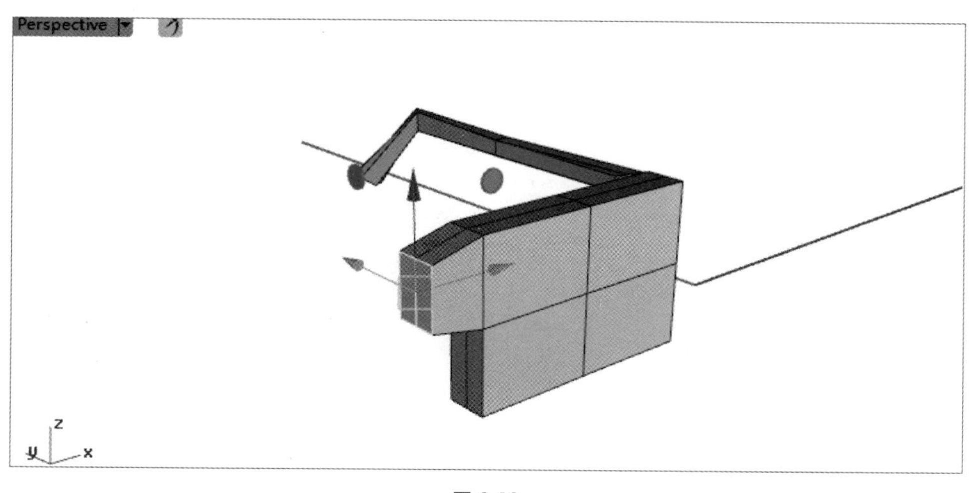

图 8.20

（7）单击 T-Spline 的【Symmetry（对称）】按钮，将模型镜像，如图 8.21 所示。

提示:【对称】命令使用成功时会在对称处出现一条绿色的对称线。此时若改变一边的形体另一半会自动作相同的改变。

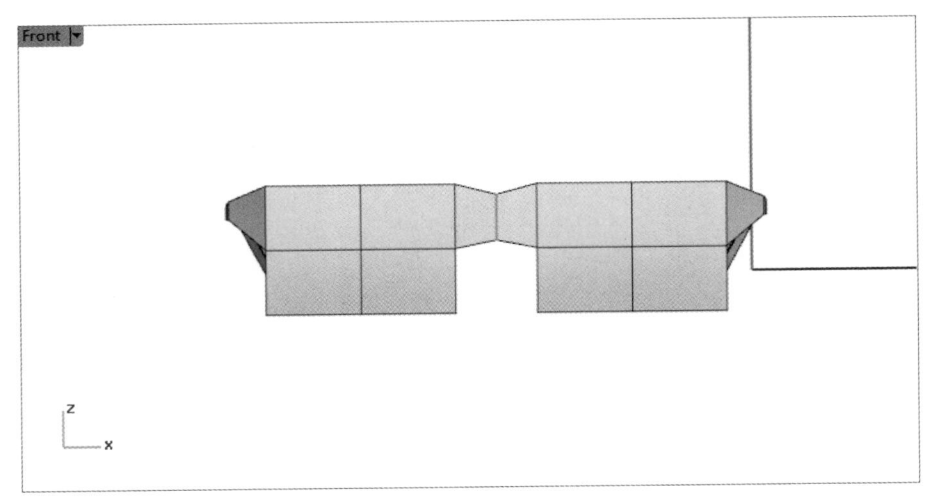

图 8.21

（8）选择如图 8.22 所示的面，并按图 8.23 所示进行挤出。

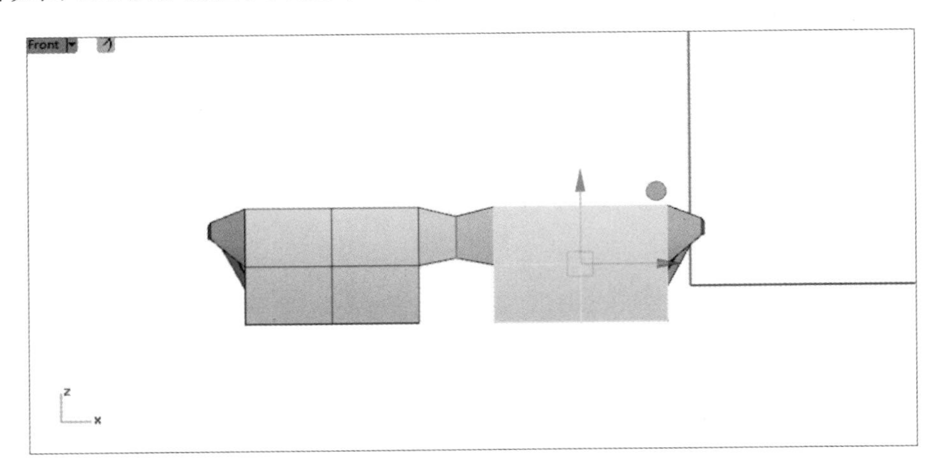

图 8.22

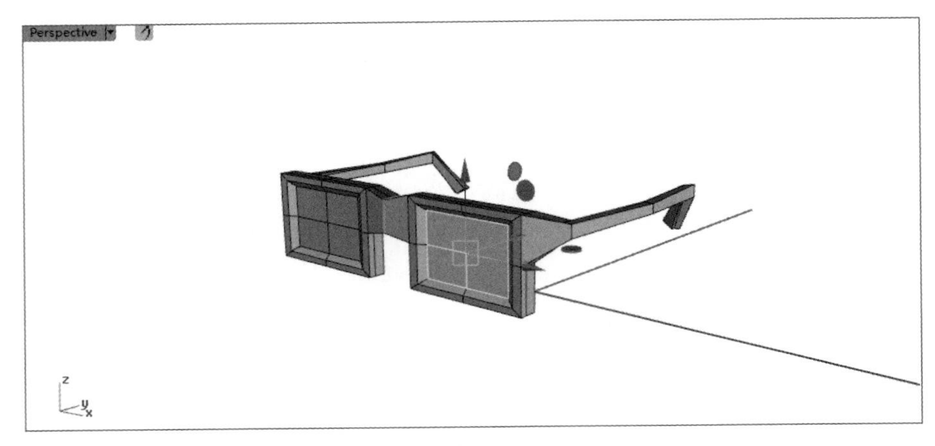

图 8.23

（9）眼镜反面的做法一样，效果如图 8.24 所示。

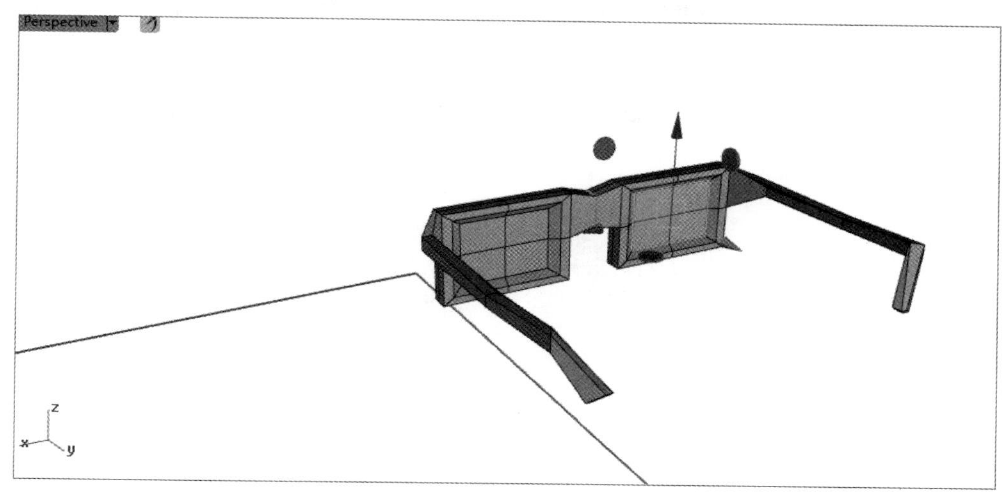

图 8.24

（10）选择如图 8.25 所示的面，进行挤出得到图 8.26。

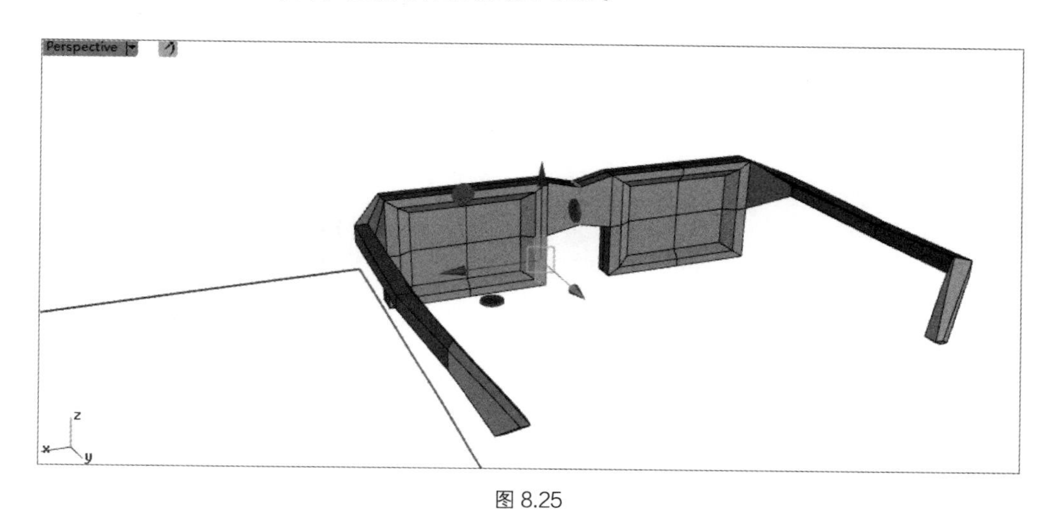

图 8.25

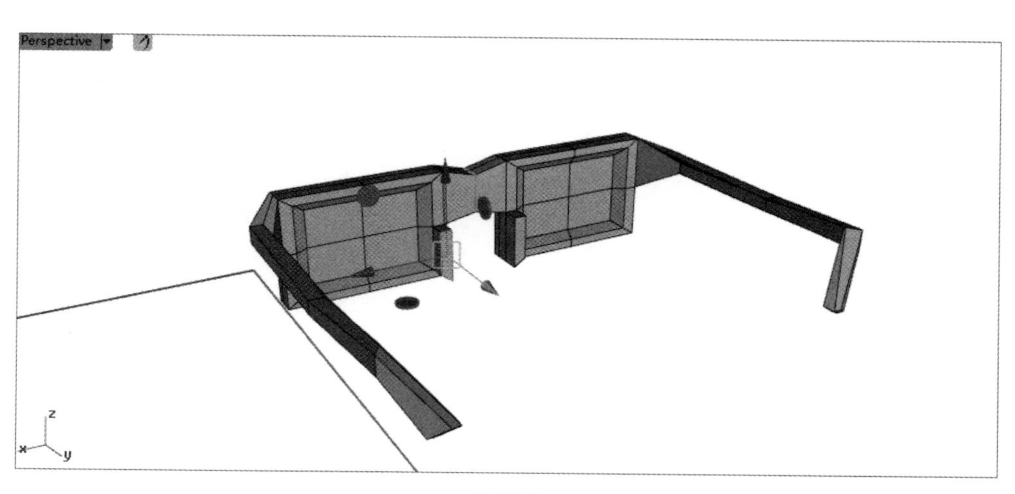

图 8.26

（11）切换到光滑模式，打开控制点，如图 8.27 所示，对模型作进一步的调整（还是移动，缩放控制点等操作），直到满意为止。

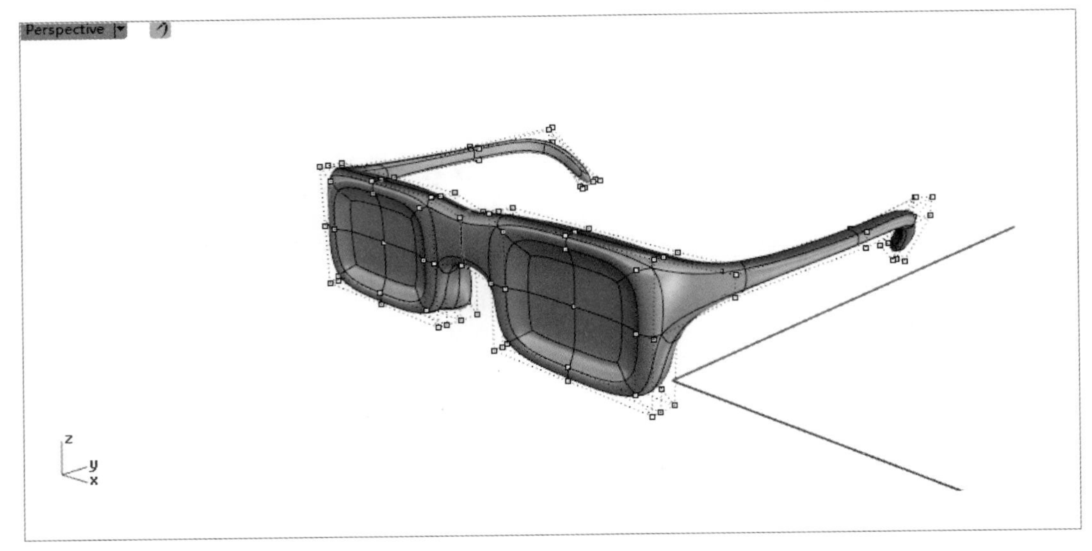

图 8.27

（12）最后得到如图 8.28 所示的模型。

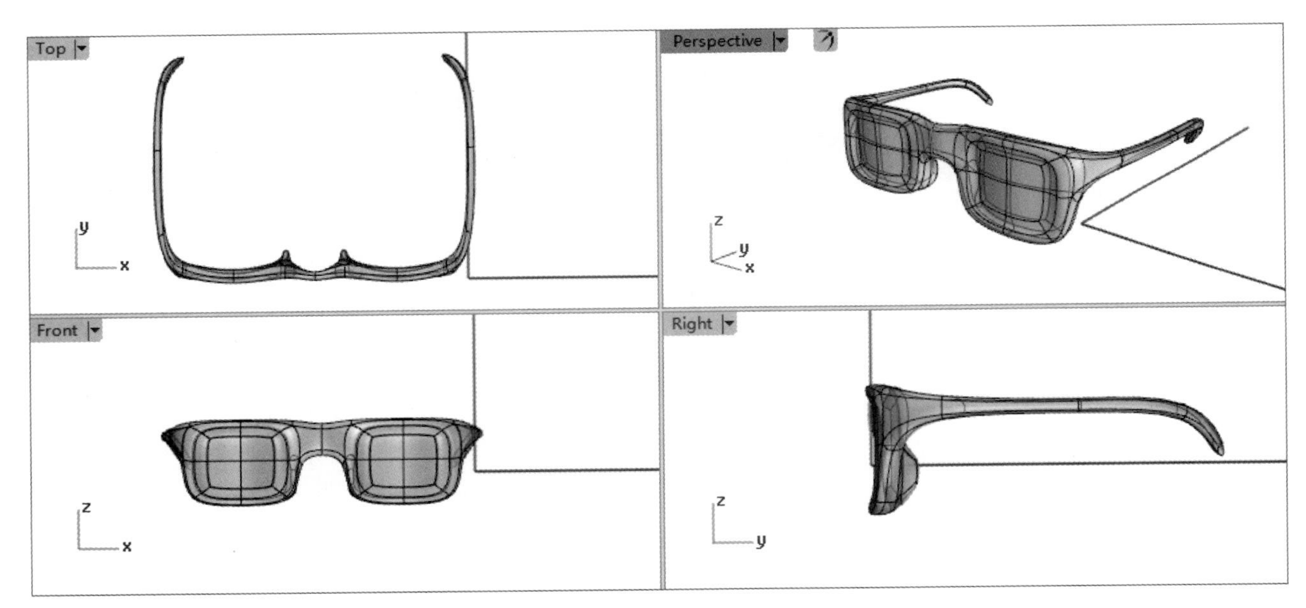

图 8.28

8.2.3 文件整理

单击【文件】→【保存文件】命令，将文件命名为“T-Spline 创建的眼镜”。存储格式为 *.3dm，如图 8.29 所示。

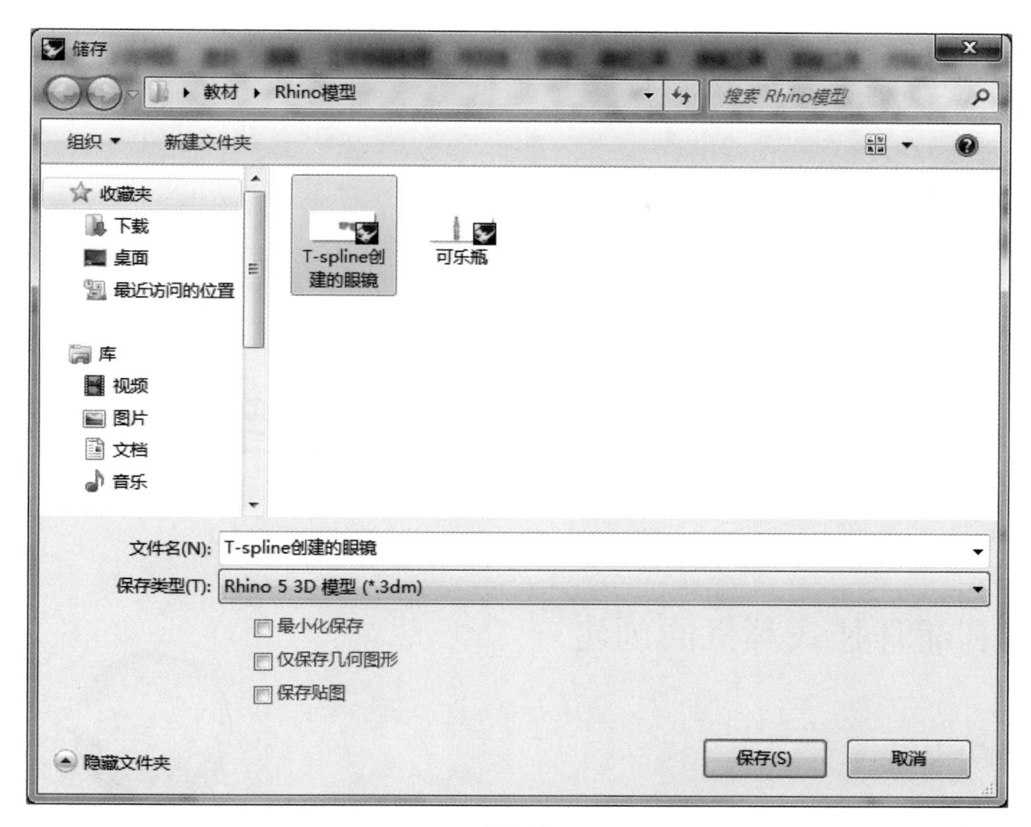

图 8.29

8.2.4 渲染效果图

眼镜最终渲染效果如图 8.30 所示。

图 8.30

第 9 章

Chapter 9

T-Spline练习——飞利浦耳挂式耳机

9.1 飞利浦耳挂式耳机的创建

9.1.1 建模思路

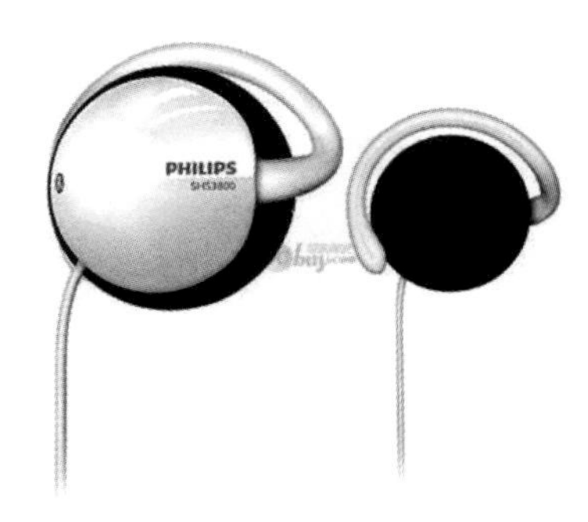

图 9.1

T-Spline 适合进行大体的形态建模，可以随意地对面或者体进行调整，不需要用到很复杂的命令。飞利浦的这款耳机，虽然外形看上去比较简单，只是由三个块组合而成，但是每个块部分细节的形状处理起来却需要加以思考，难点是耳挂部分的创建，如图 9.1 所示。如果用 Rhino 创建这种“不在一个平面内”的耳挂会比较麻烦，画结构线时需要不断调整，所以这里结合 T-Spline 的特点来进行这一部分的模型创建，是相对较简便的一种方式，当然有些 Rhino 的命令还是需要用到的。

9.1.2 建模步骤

（1）导入背景图。在 Front 视图中单击【圆：中心点、半径】按钮 画一个以原点为圆心的圆。再单击【背景图】按钮 ，将正视和侧视参考图导入视图中，以先前画的圆为参考，单击【移动背景图】 、【缩放背景图】按钮 分别调整背景图的位置和大小，如图 9.2 所示。

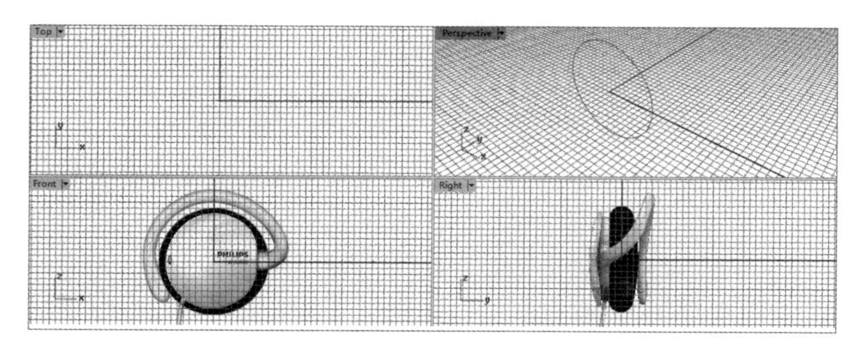

图 9.2

（2）调整并放置好背景图后，单击【控制点曲线】按钮 绘制如图 9.3 所示的曲线，再使用两次【对称复制】工具 依次得到如图 9.4 所示的曲线，再单击【旋转成型】按钮 绘制出如图 9.5 所示的耳机黑色听筒。在使用【旋转成型】工具时，要在 Right 视图中确定旋转轴，且旋转轴应该沿 y 轴方向（为了看得更清晰，图 9.5 中把工作视窗的网格关闭了， 按钮为开启和关闭网格线的命令，位于【四个工作视窗】 隐藏工具栏中）。

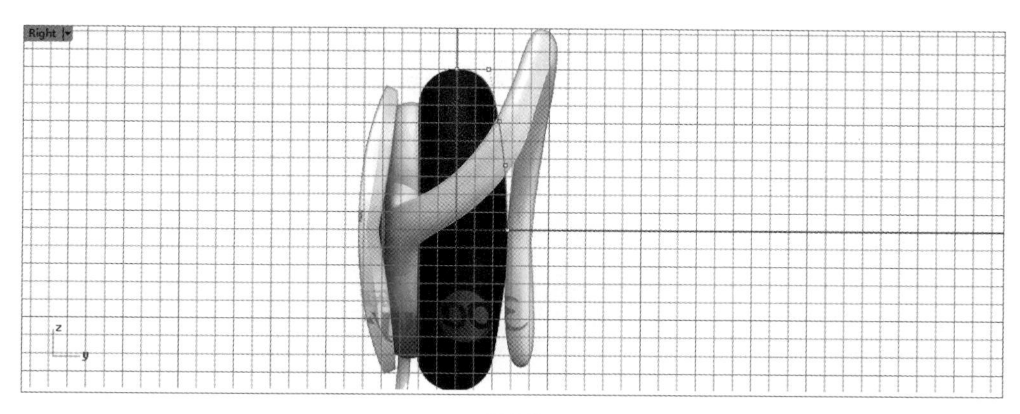

图 9.3

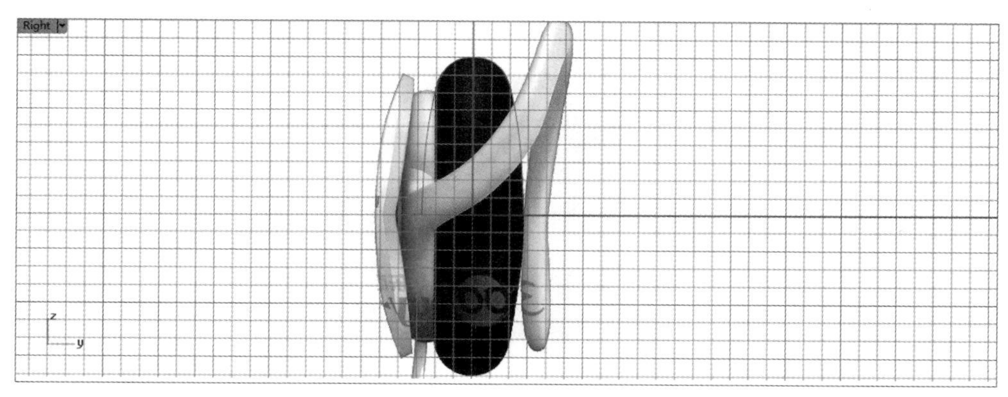

图 9.4

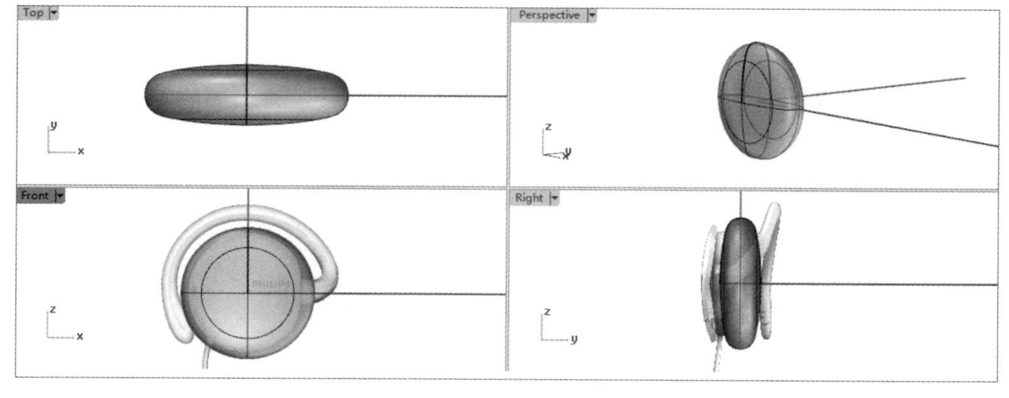

图 9.5

（3）用步骤（2）中同样的方法，绘制如图 9.6 所示的曲线（还会用到【多重直线】按钮 ）得到耳机的中部和外部的大致形状，最终得到如图 9.7 所示的效果。

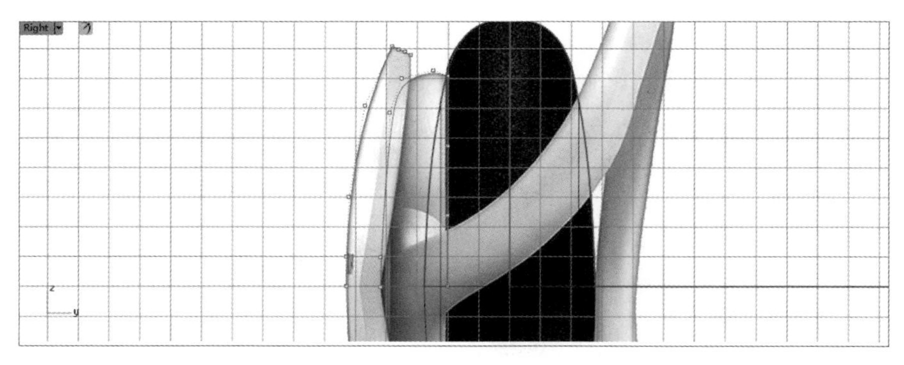

图 9.6

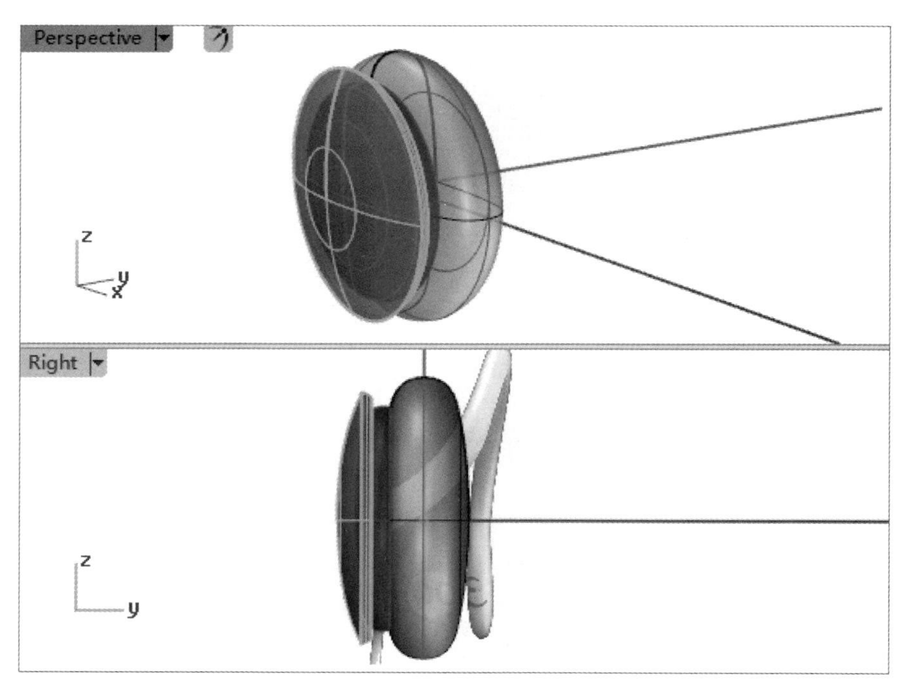

图 9.7

（4）接下来，对耳挂部分进行创建，此时就要使用 T-Spline 了。耳挂与上面几个步骤中创建的中间部分相连，为了看得清晰，将另外两个部分所在的图层进行隐藏，如图 9.8 所示。

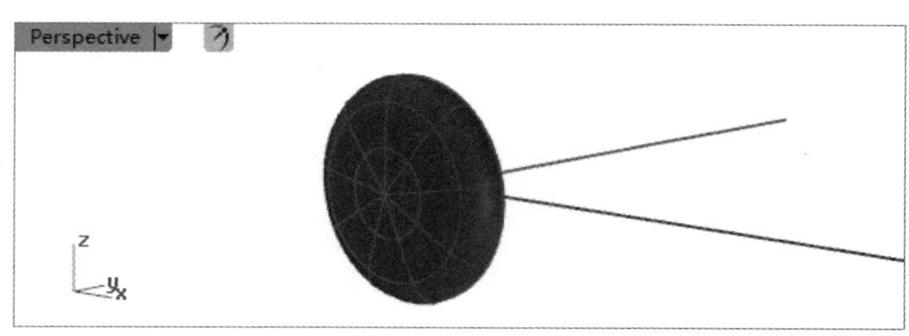

图 9.8

创建“耳挂部分”的具体步骤如下：

注意：在 Right 视图中，可以看到“耳挂部分”并不与 ZOX 面平行。

1）在 Front 视图用【控制点曲线】按钮 绘制如图 9.9 所示的曲线，再将曲线调整至如图 9.10 所示。

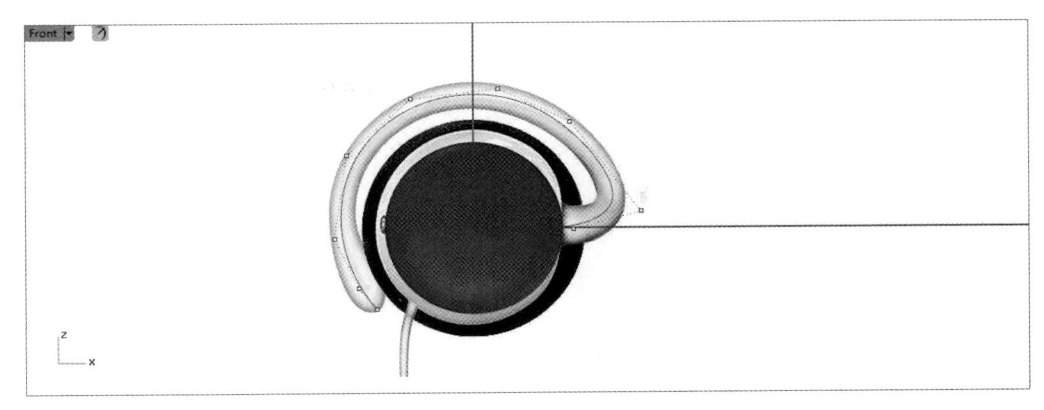

图 9.9

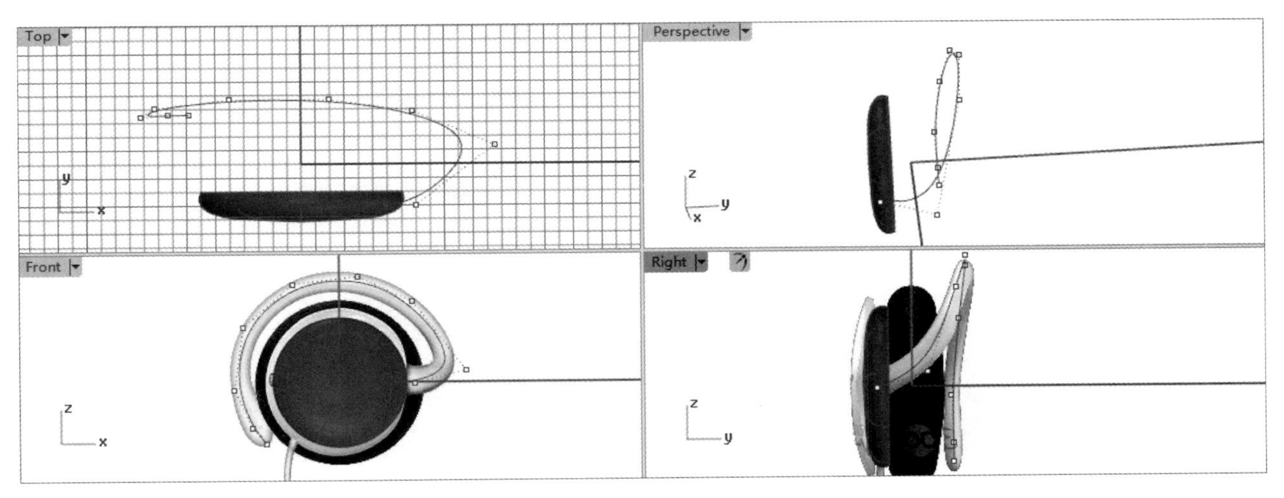

图 9.10

2）单击【Pipe（管）】按钮，选择步骤 1）中绘制好的曲线，创建圆管，得到如图 9.11 所示的效果。

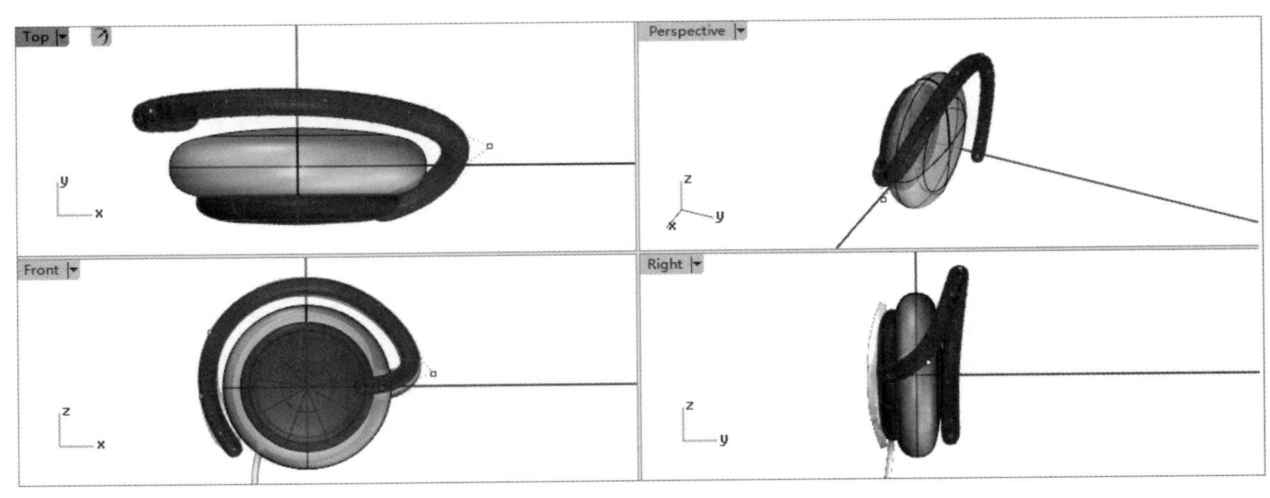

图 9.11

3）单击【Vert（控制点）】按钮，打开控制点，然后在 Front 视图中，对这部分圆管进行塑型，即移动、缩放、旋转，使形态与背景图中的“耳挂”一致，如图 9.12 和图 9.13 所示。

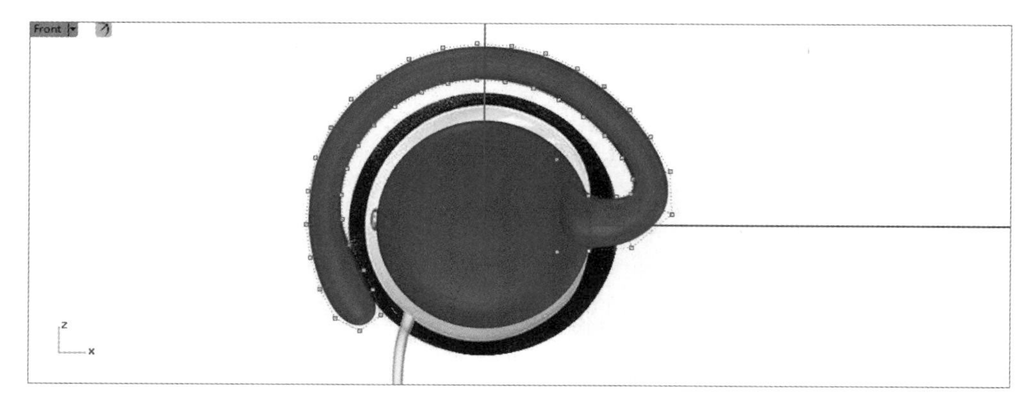

图 9.12

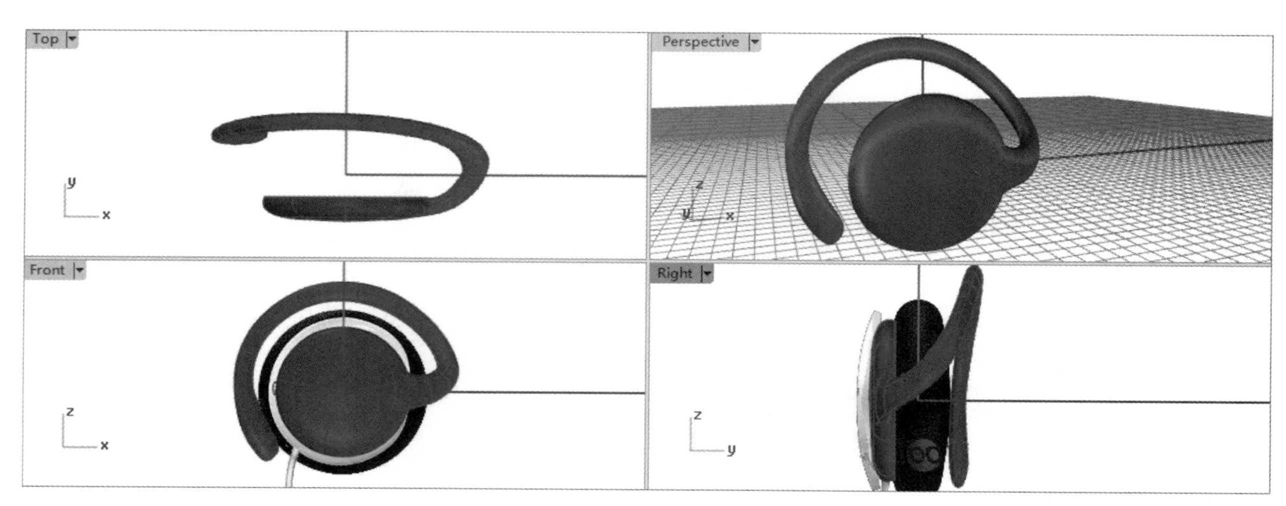

图 9.13

至此，中间耳挂部分已经完成。

注意：步骤 3）中打开控制点进行调节时，要时刻注意观察 3 个工作视窗，使 3 个平面内的物体保持协调。

（5）接下来处理外壳的细节部分，步骤如下：

1）用【布尔运算差集】隐藏工具栏中的【抽离曲面】工具将外壳分成两个部分，如图 9.14 所示。

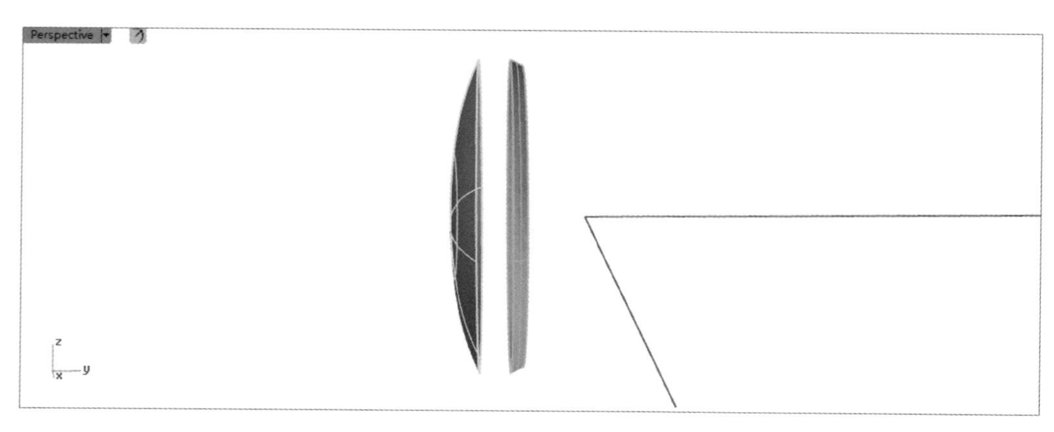

图 9.14

2）单击【打开点】按钮 打开图 9.14 中外壳的控制点，选中一端的几个控制点，如图 9.15 所示。

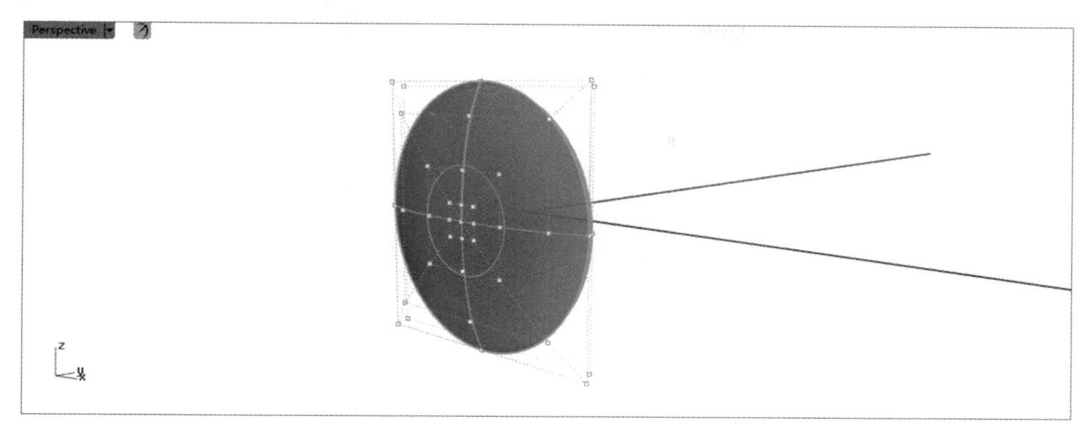

图 9.15

3）在 Right 视图中，对照参考图，将选中的控制点调整到图中的位置。最终得到的形态如图 9.16 所示。

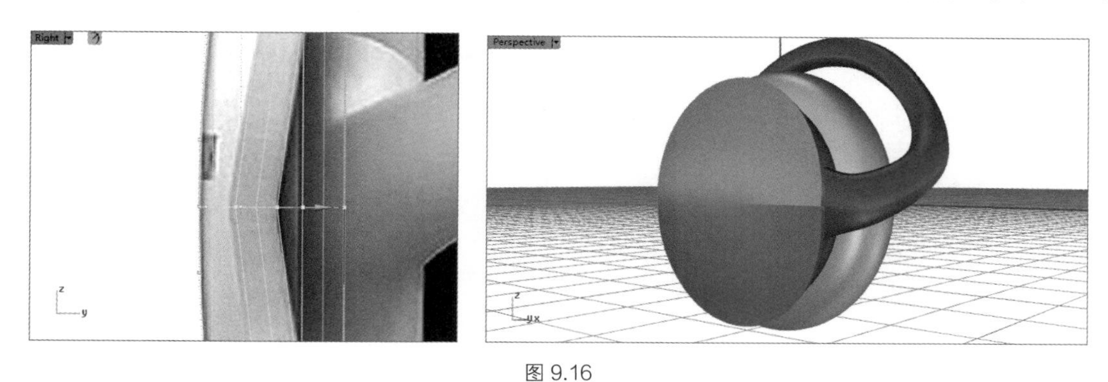

图 9.16

（6）耳机的形态部分已经大致完成了。单击【镜像】按钮 ，将耳机整体对称复制，得到另外一个，如图 9.17 所示。

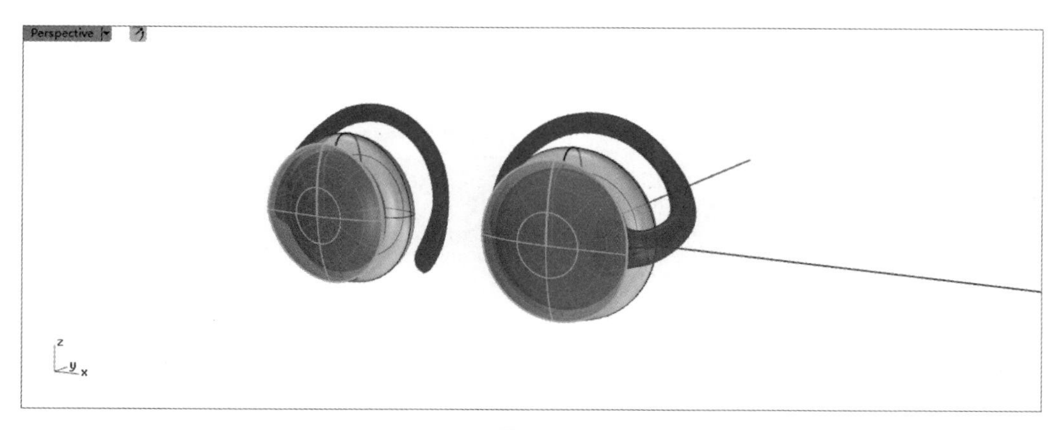

图 9.17

（7）下面绘制耳机外壳上的字母。单击【文字物件】按钮 ，会弹出【文字物件】对话框，设置如图 9.18 所示，分别绘制 PHILIPS、SHS3800 和 L。再在 L 外面绘制一个圆形线框，将字母放在对应的位置，接着单击【投影曲线】按钮 将平面的线框投射到耳机壳上，如图 9.19 所示。单击【分割】按钮 将耳机外壳进行分割，如图 9.20 所示。使用同样的方法可得到另一只耳机外壳上的字母。

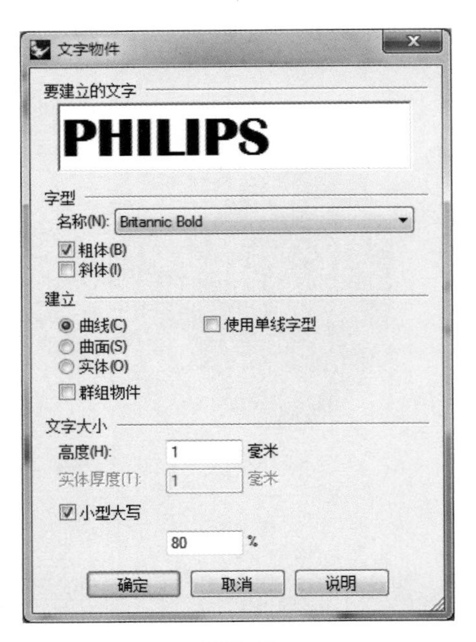

图 9.18

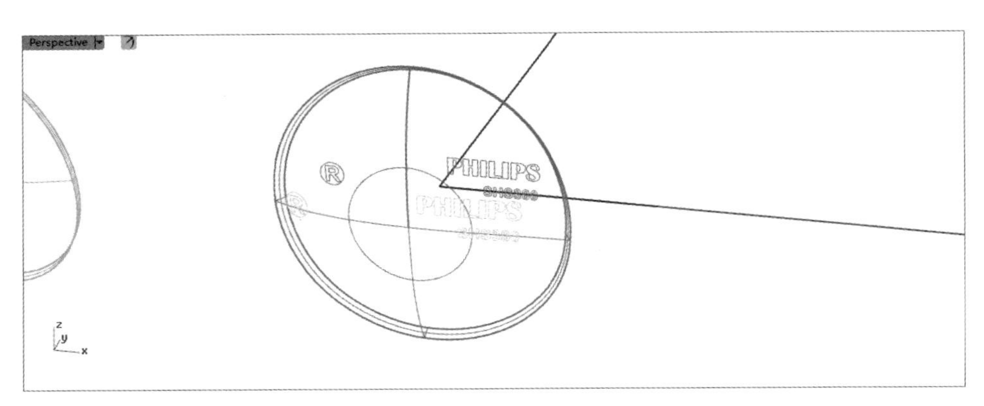

图 9.19

图 9.20

注意：在使用【投影曲线】工具投影时，一定要注意各种操作都要在要投影的那个视图，这里是在 Front 视图中进行，具体的步骤是：选择曲线，右击；选择“面”，右击。

（8）将两只耳机的位置摆放好，单击【控制点曲线】按钮绘制两个耳机线，并单击【立方体】按钮下拉菜单中的【圆管】工具，将其加粗，最终效果如图 9.21 所示。

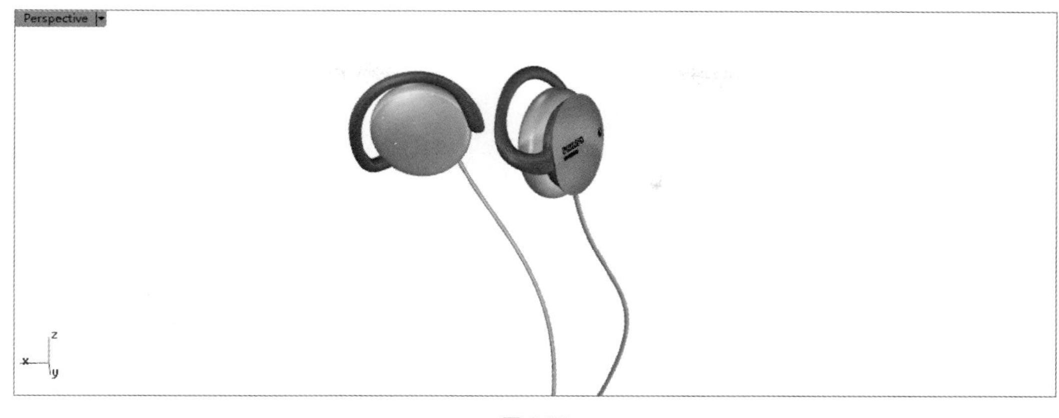

图 9.21

9.1.3 文件整理

单击【文件】→【保存文件】命令，将文件命名为“philips 耳机”，存储格式为 *.3dm，如图 9.22 所示。

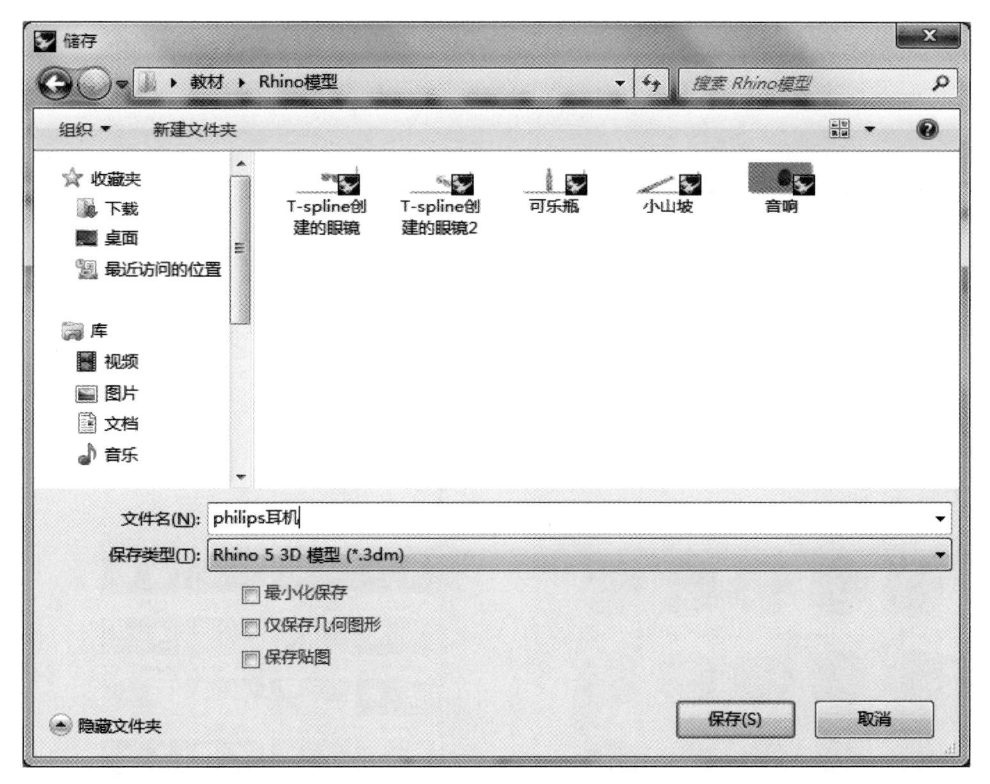

图 9.22

9.1.4 渲染效果图

注意：渲染之前应将不同材质的部分分配到不同的图层。在建模过程中就已经把各个不同部分的图层分好了，同样颜色和材质的放在同一个图层，并且给图层命名（单击【编辑图层】按钮 下拉菜单中的【更改物件图层】按钮 可以将不同材质的部分分配到不同的图层）。

渲染使用 KeyShot 软件，渲染过程如下：

（1）打开 KeyShot，单击【导入】按钮 导入耳机模型。

1）按住鼠标右键，移动鼠标就能让视角改变。

2）滚动鼠标中键，能成比例放大 / 缩小模型。

3）在耳机模型上右击，会出现许多选项，选择“移动对象”命令，就会弹出如图 9.23 所示的界面，这样就能进行模型位置的调整了。

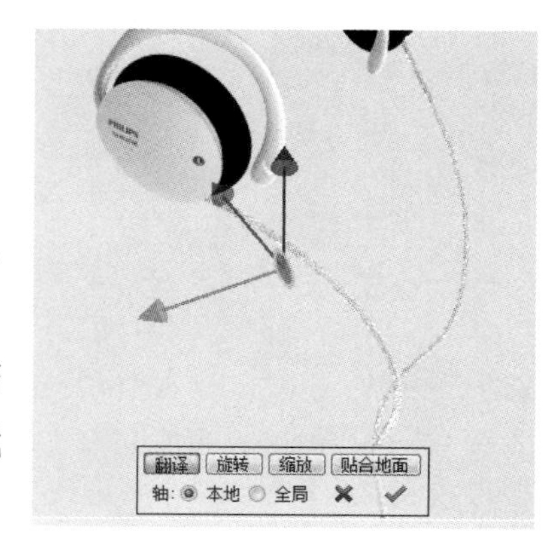

图 9.23

（2）单击【库】按钮 打开材质库，如图 9.24 所示，选中所需材质，按住左键，直接将材质拖到需要材质的那部分耳机上即可。赋予完材质就可以调整一下光线了，环境库如图 9.25 所示。

说明：

材质部分：

外壳（蓝色图层）：Plastic Hard white shiny（白色硬质光滑塑料）（粗糙度为 0）。

中间部分 + 耳挂（橙色图层）：Plastic Hard white shiny（白色硬质光滑塑料）（粗糙度为 0.15）。

字符（灰黑色图层）：Hard shiny plastic - slate grey（灰色硬质光滑塑料）。

里面部分（黑色图层）：Plastic Soft Touch Black（黑色软质触感塑料）（粗糙度为 4）。

耳机线（灰白色图层）：Plastic Soft white rough（白色软质粗糙塑料）。

环境部分：

灯光：3 Panels Tilted 2k（三个倾斜光板，亮度 2k）。

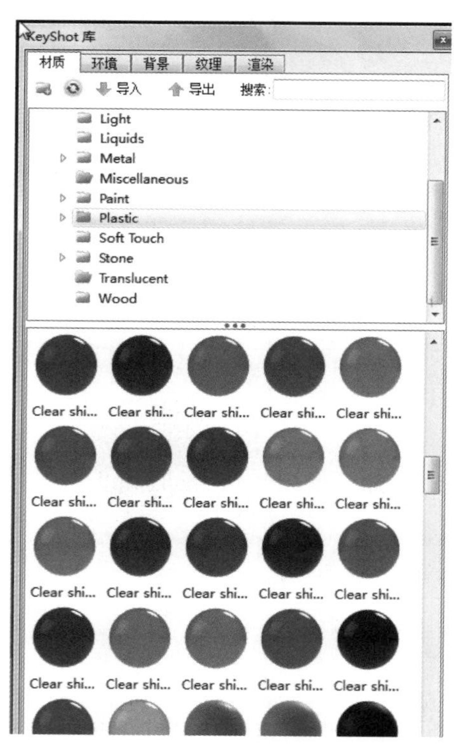

图 9.24

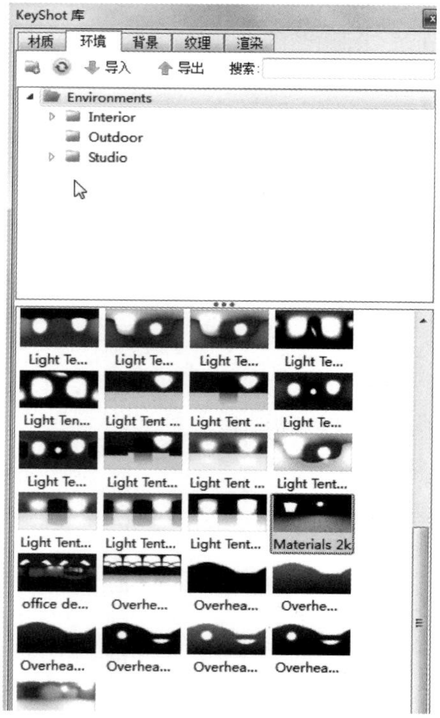

图 9.25

（3）单击【渲染】按钮 ，弹出【渲染选项】对话框，按如图 9.26 所示进行设置，然后开始渲染，如图 9.27 所示。

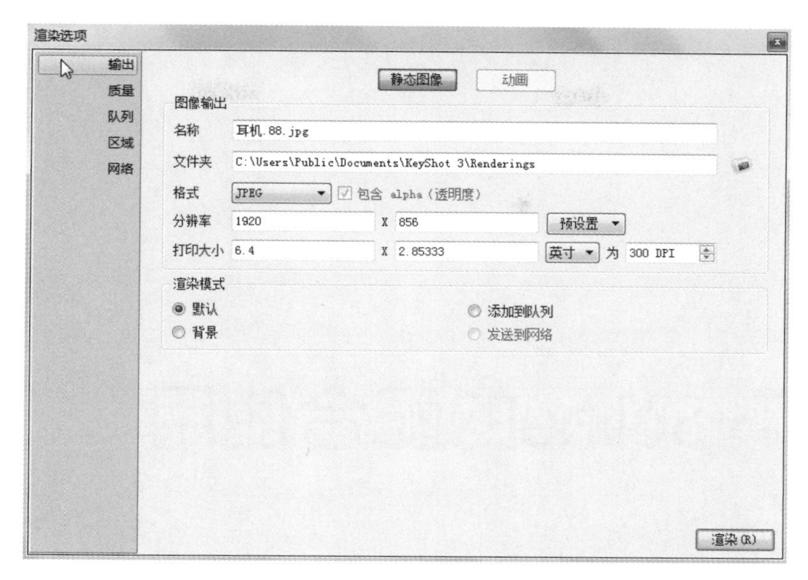

图 9.26

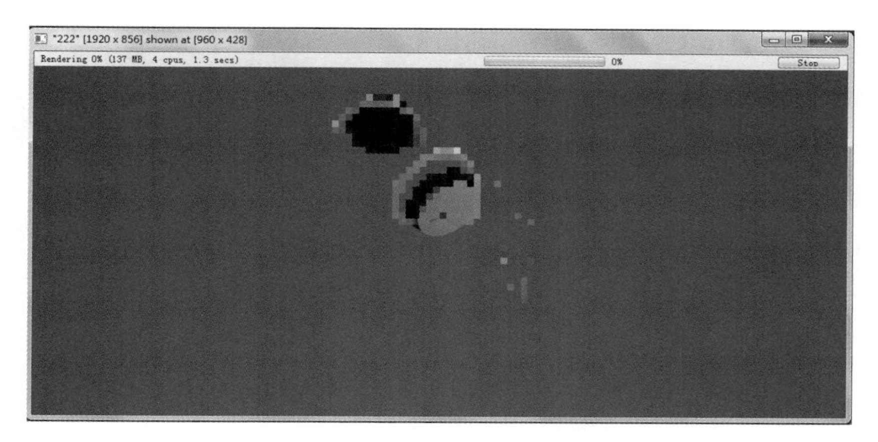

图 9.27

（4）最终效果如图 9.28 所示。

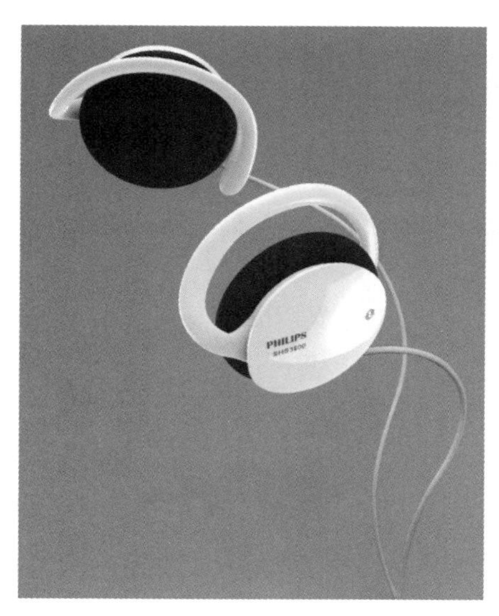

图 9.28

第10章

Chapter 10

Rhino与T-Spline的配合使用

本章选取的案例是飞利浦除螨仪，如图 10.1 所示，若完全用 Rhino 来创建模型，难免要画许多复杂的结构线，进行【放样】或者【扫掠】形成曲面，把手部分又要通过【剪切】【曲面衔接】等好几个步骤才能创建出来。所以，本章配合使用 T-Spline 与 Rhino 两个软件，利用 T-Spline 进行前期的大体建模，把手部分也能用单个命令轻松地完成；之后再由 Rhino 进行细节的完善，这样就真正发挥了 T-Spline 作为 Rhino 插件的作用。

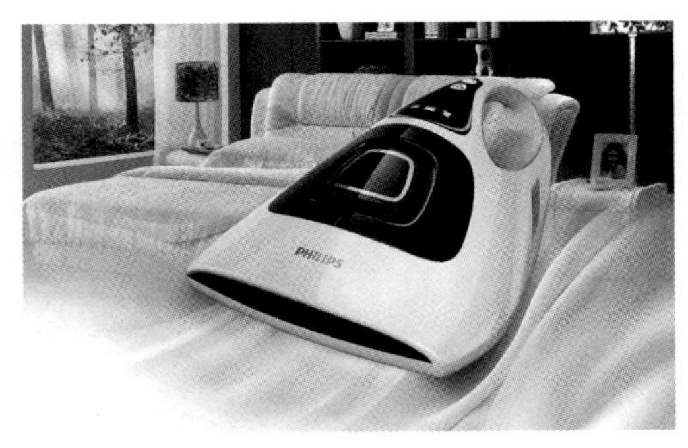

图 10.1

10.1 用 T-Spline 进行前期大体建模

10.1.1 建模思路

T-Spline 适合进行大体的形态创建，可以随意地对面或者体进行调整，不需要用到很复杂的命令。用 T-Spline 来创建除螨仪的整体造型是最简便的。

10.1.2 建模步骤

（1）图 10.2 是该除螨仪的正视图与侧视图以及整体尺寸。

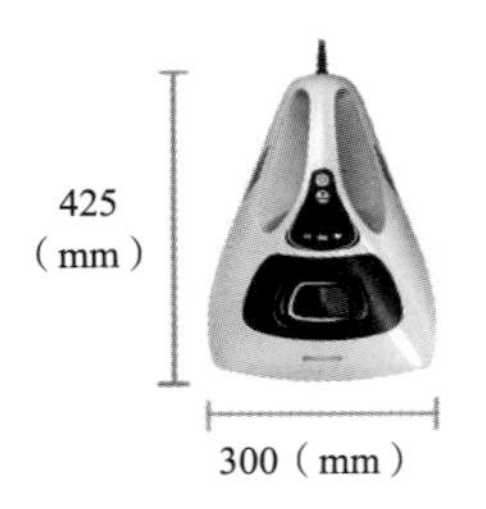

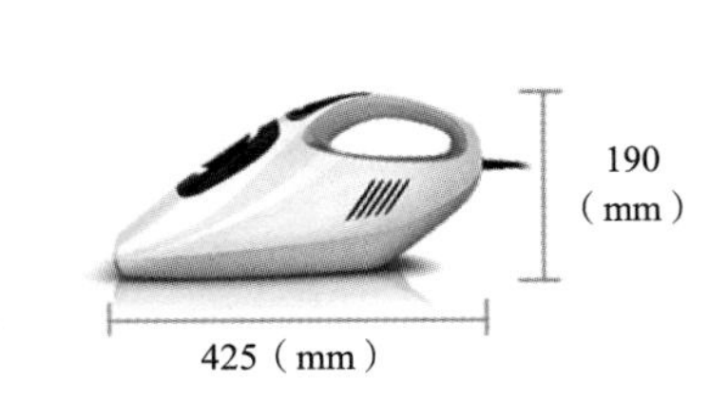

图 10.2

首先，单击 Rhino 工具栏的【立方体】按钮，新建一个长方体，大体尺寸为（425mm×300mm×190mm）。再单击【放置背景图】按钮，将正视图和侧视图的参考图导入视图中，以先前画的长方体为参考，用【移动背景图】、【缩放背景图】工具分别调整背景图的位置和大小，如图 10.3 所示。

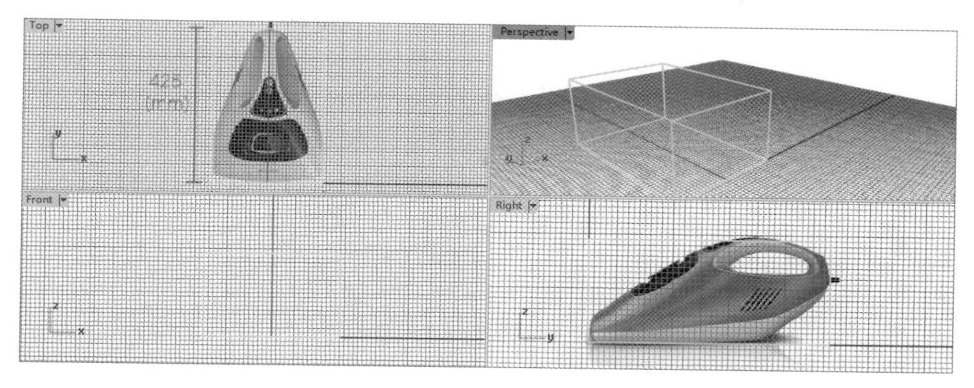

图 10.3

（2）单击 T-Spline 工具栏的【Box（箱体）】按钮，新建一个 box，尺寸与步骤（1）中的长方体一致，再将步骤（1）中创建的长方体删除，最终如图 10.4 所示。

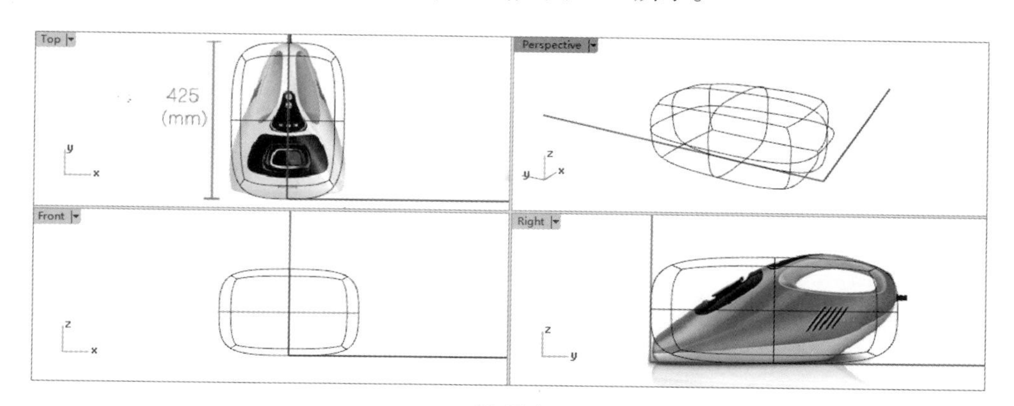

图 10.4

（3）从 Top 视图中可见，除螨仪左右对称，为了使建模时两边能够对称的进行，要用到【Symmery（对称）】命令（T-Spline 的【对称】命令很神奇，其中一半发生变化时，另一半会发生相同的变化，在第 8 章中有提及）。

单击【Face（开启面）】按钮，选择如图 10.5 所示的面，按 Delete 删除，再单击【Symmery（对称）】按钮，得到如图 10.6 所示的体，此时会出现一条绿色的“对称轴”。

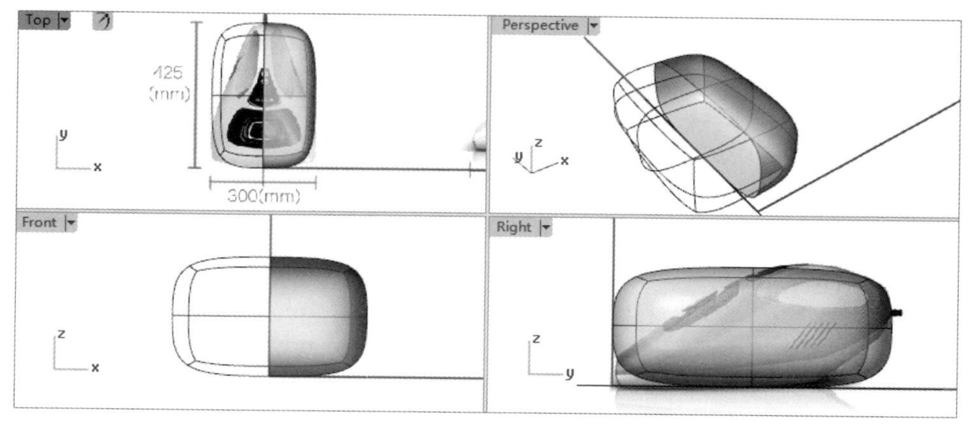

图 10.5

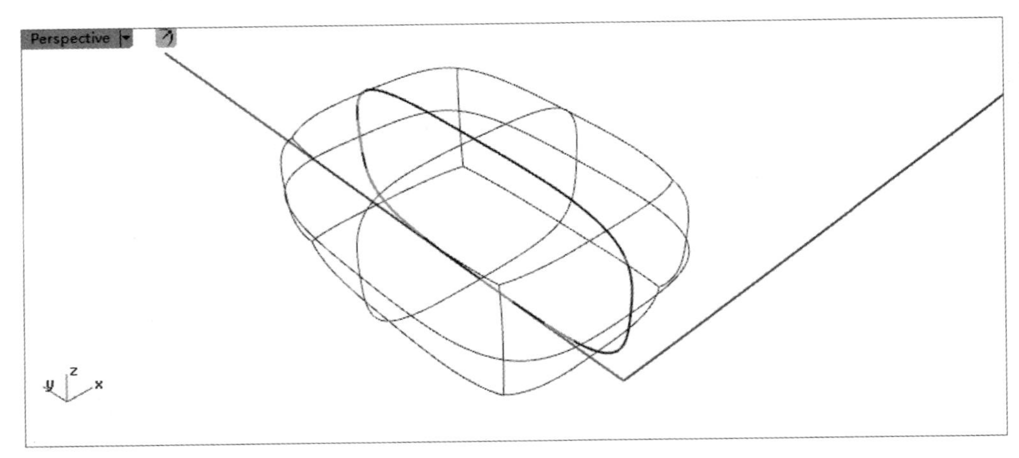

图 10.6

（4）单击【Vert（控制点）】按钮打开控制点，调整 Top 视图中的点，使整个体的边缘与视图大致相符，得到图 10.7。可以看出，有些部分太圆润了，并不符合实物，所以需要用【Insert edge（增加结构线）】命令，来使现有的体更有棱角。选择如图 10.8 所示的线，单击【Insert edge（增加结构线）】按钮，添加结构线到相应位置，如图 10.9 所示。

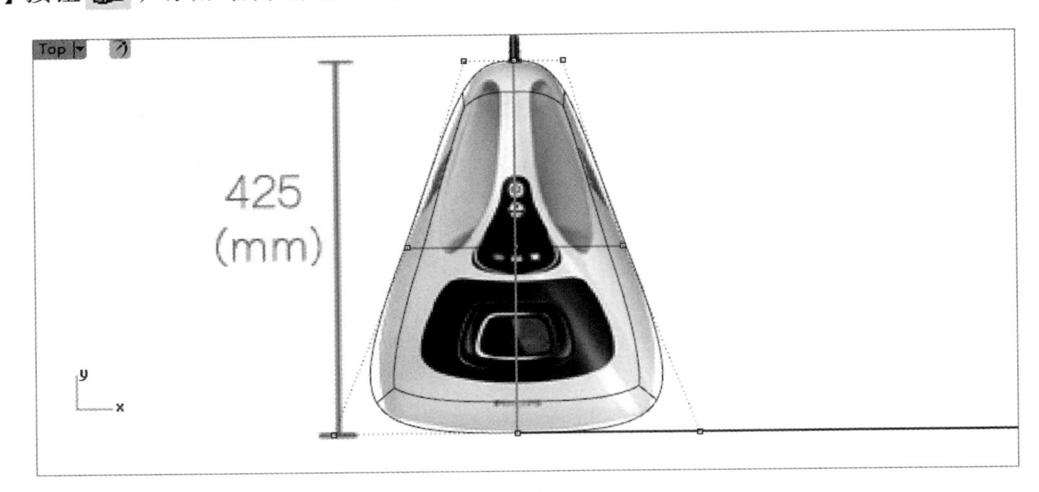

图 10.7

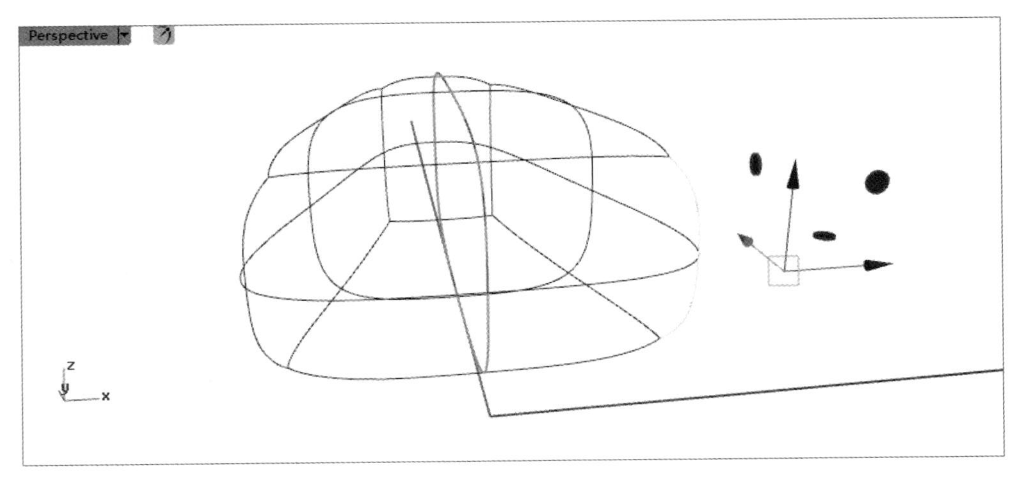

图 10.8

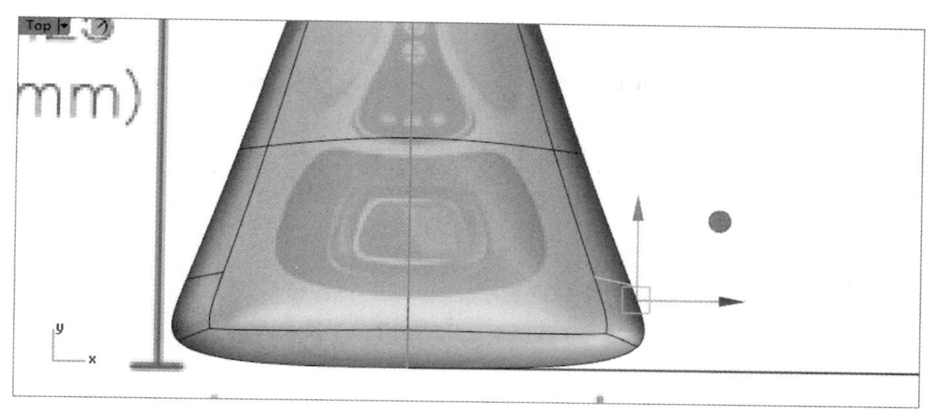

图 10.9

（5）再次打开控制点，对整体进行调整，使其轮廓与背景图贴合，得到如图 10.10 所示的体（该过程中可能需要多次【增加结构线】，按照建模需求添加）。结合除螨仪的立体形态，再进行不断调整，得到如图 10.11 所示的体。

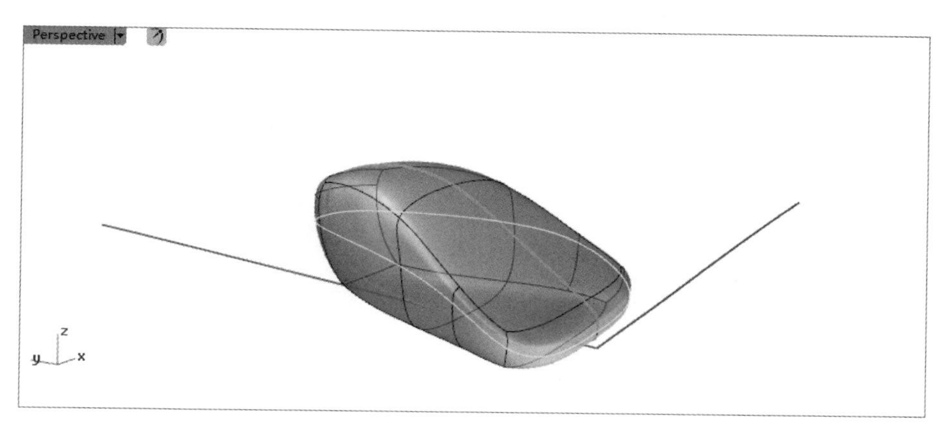

图 10.10

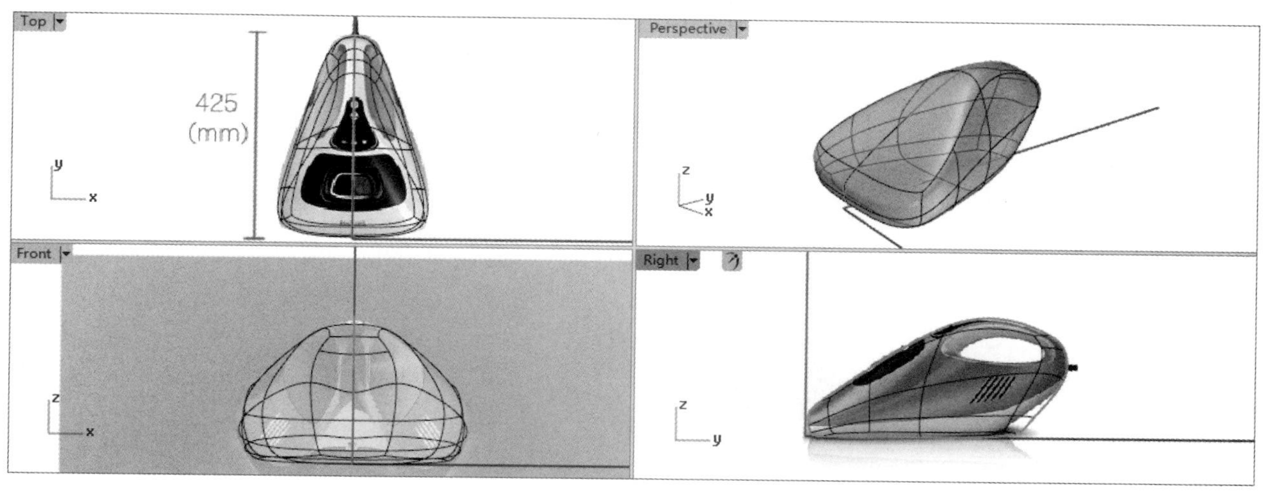

图 10.11

（6）接下来创建手柄。单击【Face（控制面）】按钮，选择如图 10.12 所示的面，单击【Bridge（桥接面）】按钮，得到如图 10.13 所示的体。但得到的体并不符合手柄的要求，此时需要调节手柄处的面的位置，使之变得饱满。单击【Smooth toggle（平滑的切换）】按钮，将模型切换到多边形状态，如图 10.14 所示，这样更容易找到重合的点，便于调节。然后切换回圆润状态，再打开控制点进行调整，最后得到如图 10.15 所示的体。

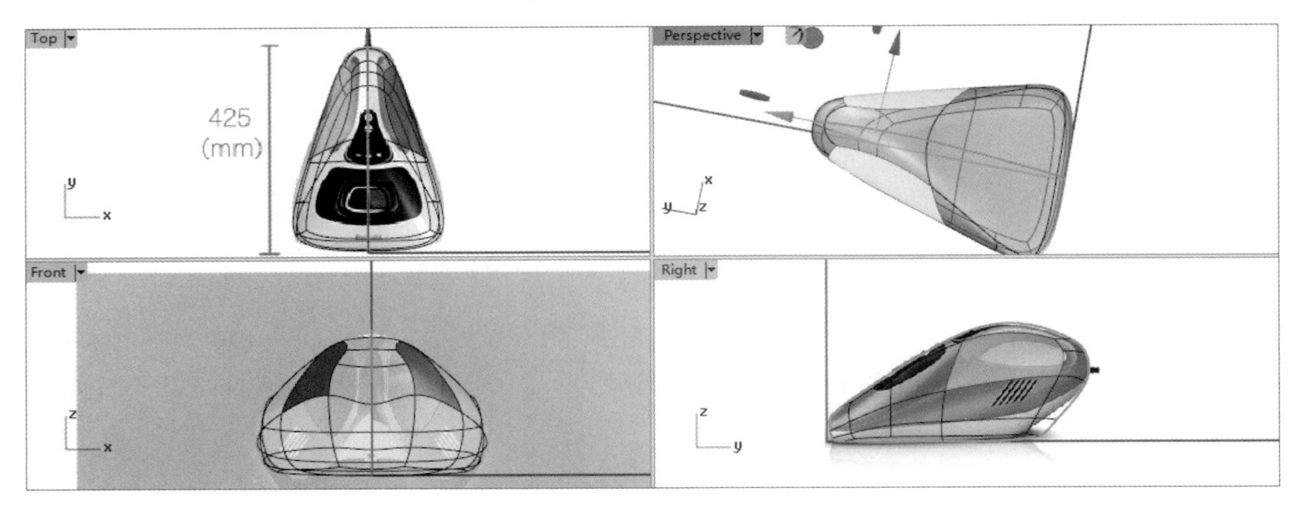

图 10.12

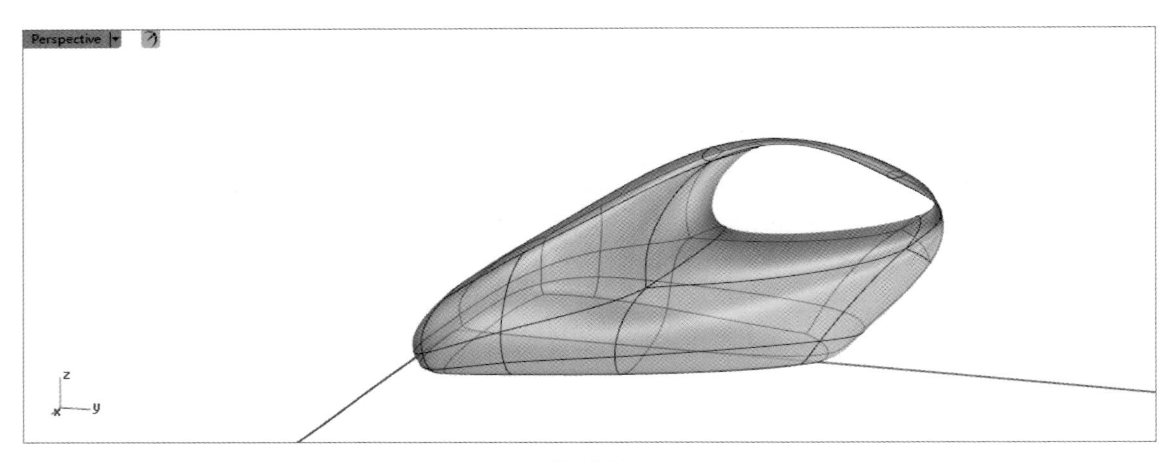

图 10.13

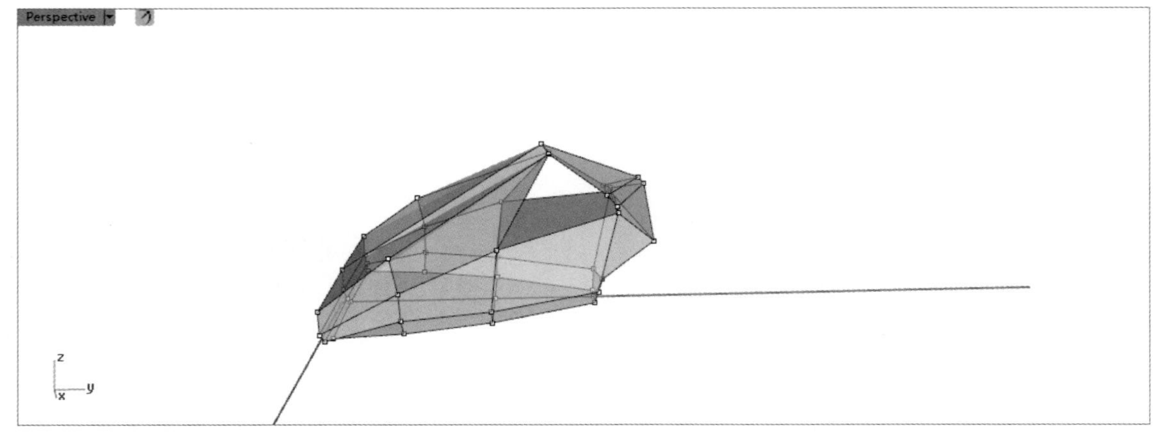

图 10.14

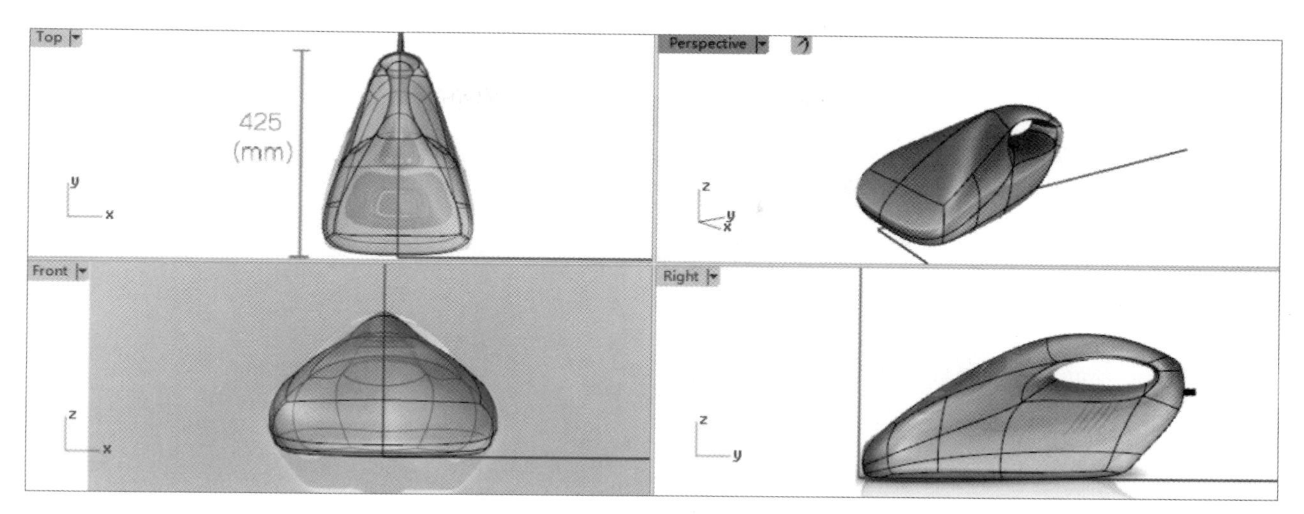

图 10.15

T-Spline 创建部分到此为止，接下来就是用 Rhino 进行后期细节建模。

10.2 用 Rhino 进行后期细节建模

10.2.1 建模思路

用 Rhino 进行后期建模的任务主要有：①对模型尾部，以及前部开口处进行修整；②对模型表面进行分区，主要用画线切割的方式；③在除螨仪模型中创建集尘桶。

10.2.2 建模步骤

（1）单击【控制点曲线】按钮，绘制如图 10.16 所示的曲线，单击【直线挤出】按钮挤出如图 10.17 所示的曲面，再单击【布尔运算差集】按钮，将多余部分剪去，得到如图 10.18 所示的体。

图 10.16

注意：用完【布尔运算差集】命令之后的模型，就不能再用 T-Spline 进行编辑了。

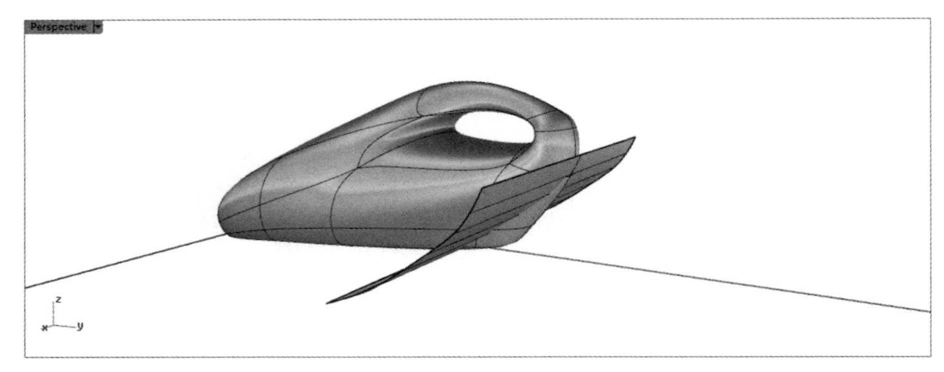

图 10.17

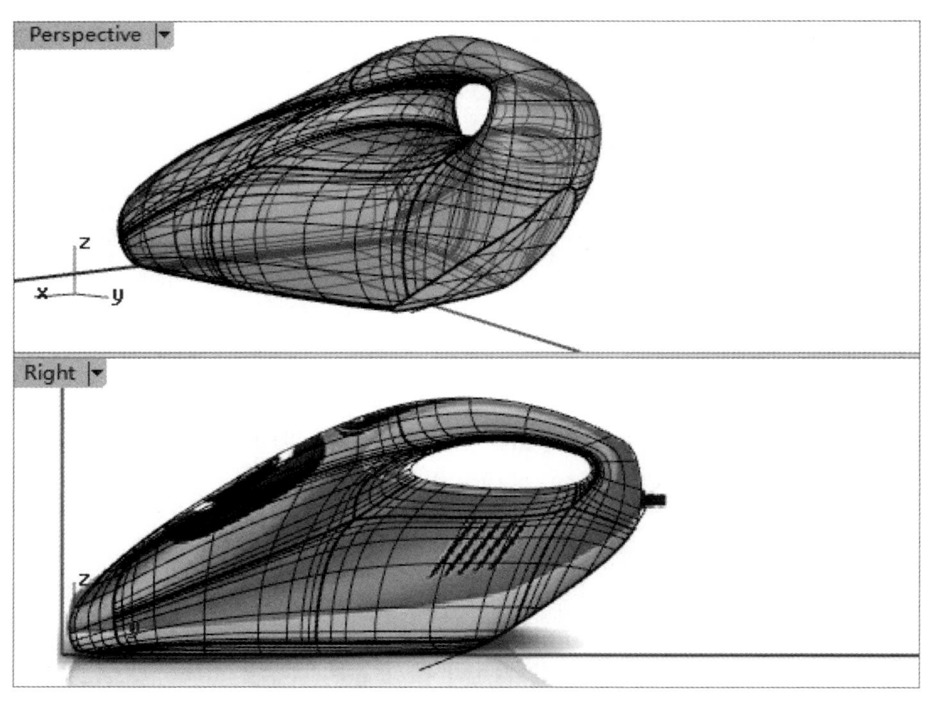

图 10.18

（2）绘制如图 10.19 所示的曲线，单击【直线挤出】按钮 挤出如图 10.20 所示的曲面，再单击【布尔运算分割】按钮，将模型分区（分别放到不同颜色的图层以示区分），得到如图 10.21 所示的体。

（3）用步骤（2）中同样的方法，进行把手处的分区，得到如图 10.22 所示的体。

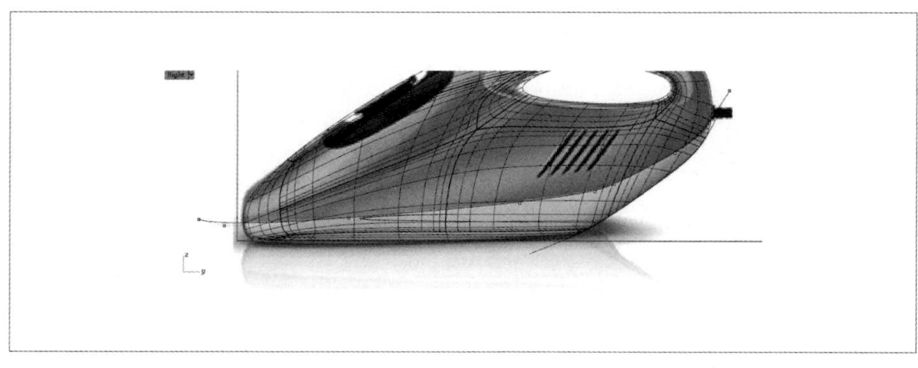

图 10.19

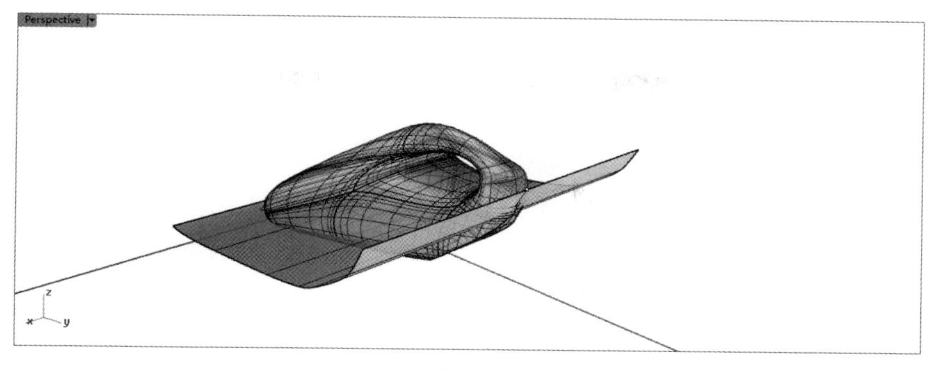

图 10.20

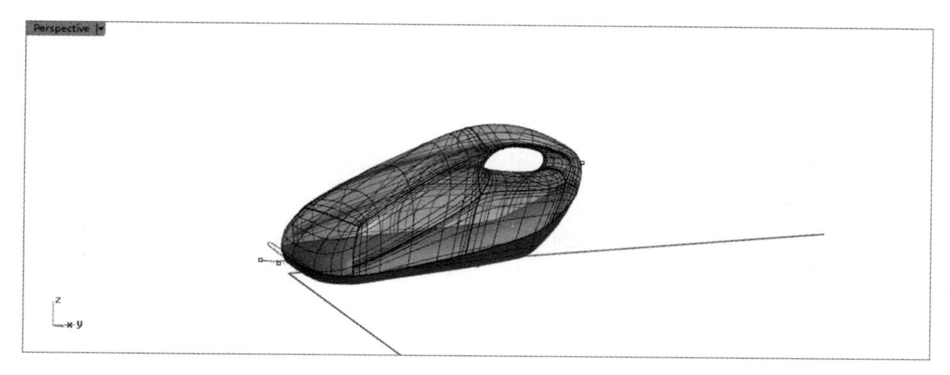

图 10.21

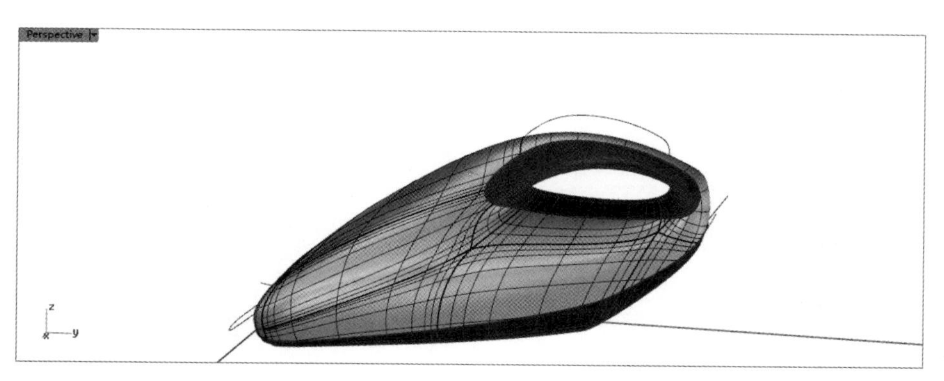

图 10.22

（4）顶部分区也是按照前两步的方法进行，得到如图 10.23 所示的模型。

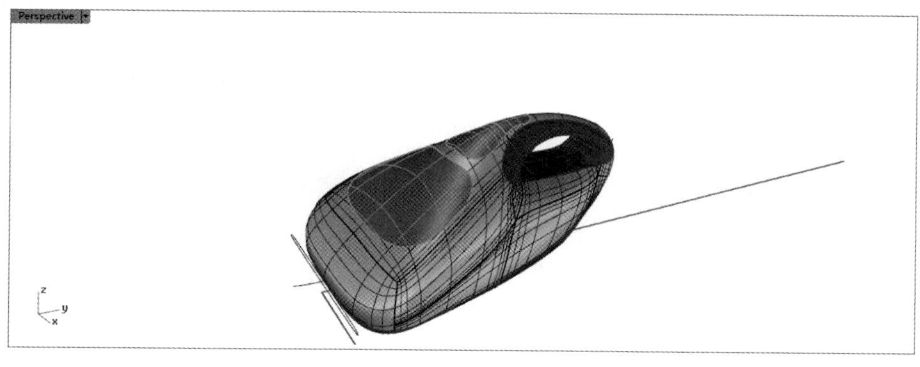

图 10.23

注意：创建过程中直线拉伸成曲面之后，如图 10.24 所示，要对其进行【加盖】后，才能顺利使用【布尔运算分割】工具进行分割。

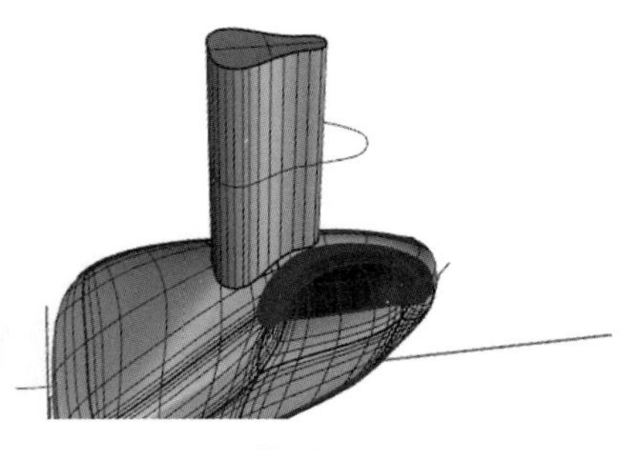

图 10.24

（5）接下来对顶部的细节进行建模，即创建按钮和集尘桶。

1）创建 3 个平面按钮。绘制 3 个平面按钮轮廓线，接着单击【投影曲线】按钮将平面的线框投射到顶部，如图 10.25 所示。单击【分割】按钮将模型顶上部分进行分割，分割成如图 10.26 所示的 3 个平面按钮。

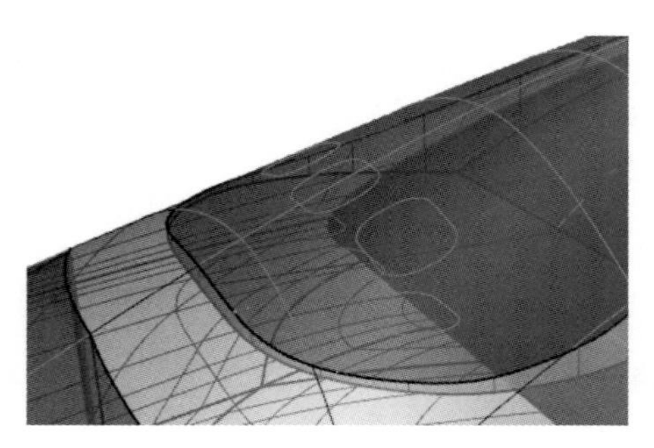

图 10.25

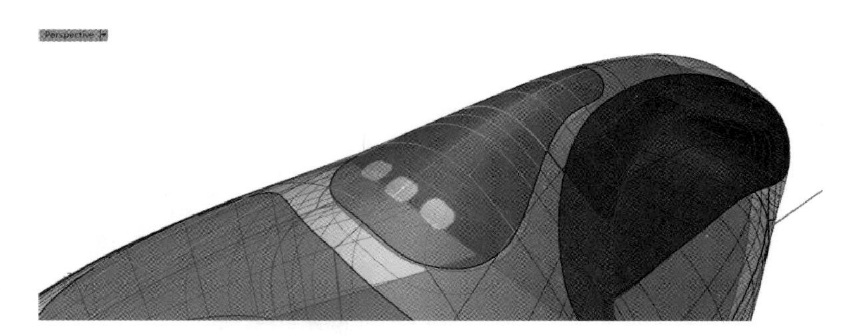

图 10.26

2）创建 2 个大按键。首先绘制按键轮廓曲线，然后拉伸成体（加盖之后就是体了），再对其进行倒角（增加控制杆，使圆角半径不均匀），并放置在合适的位置，如图 10.27 所示。单击【布尔运算分割】按钮，将按键区域分出来。再单击【缩放】按钮和【倒圆角】按钮，将分割出来的交集部分进行缩放和倒角，得到如图 10.28 所示的 2 个大按键。

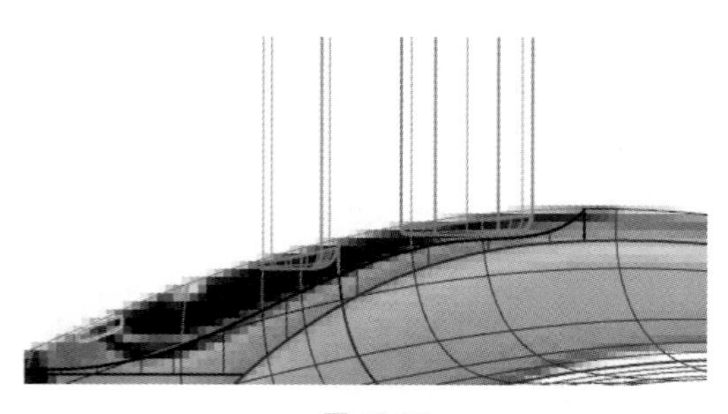

图 10.27

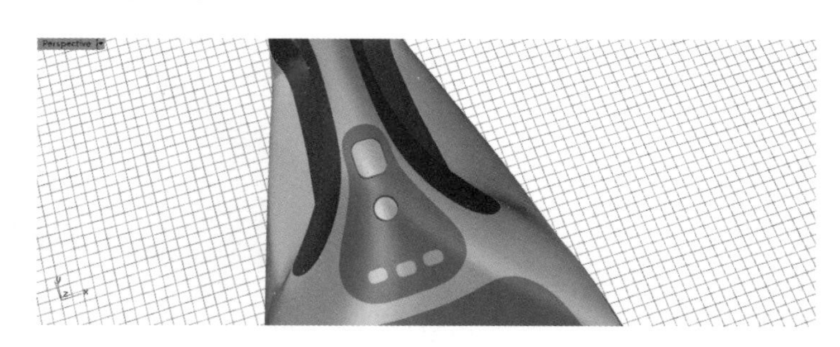

图 10.28

3）创建集尘桶。绘制如图 10.29 所示的曲线，然后单击【挤出】按钮对其进行挤出成型，为了使凹槽底部与外壳变化趋势一致，需要绘制如图 10.30 所示的曲线，单击【分割】按钮分割刚刚挤出的体，单击【加盖】按钮对上半部分进行加盖，然后单击【倒圆角】按钮对底部一周进行倒圆角。

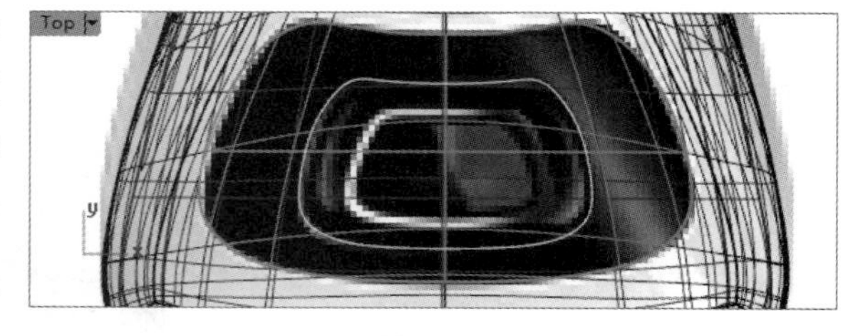

图 10.29

之后，再单击【布尔运算分割】按钮和【倒圆角】按钮进行分割和倒圆角，得到如图 10.31 所示的模型。

绘制如图 10.32 所示的曲线，然后对其进行【挤出】成型，再单击【布尔运算分割】按钮

对这部分和上一步中分割出来的交集部分进行分割。再单击【倒圆角】按钮 对此时得到的交集部分进行倒圆角，得到如图 10.33 所示的集尘桶顶部（其上还有一圈装饰，用之前【分区】用到的方法，即可得到）。

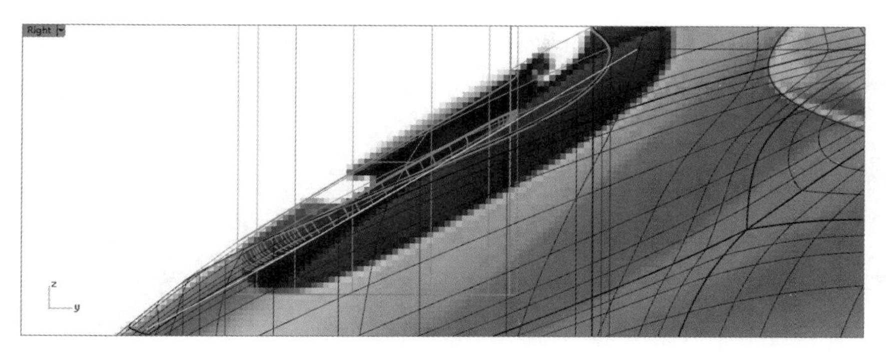

图 10.30

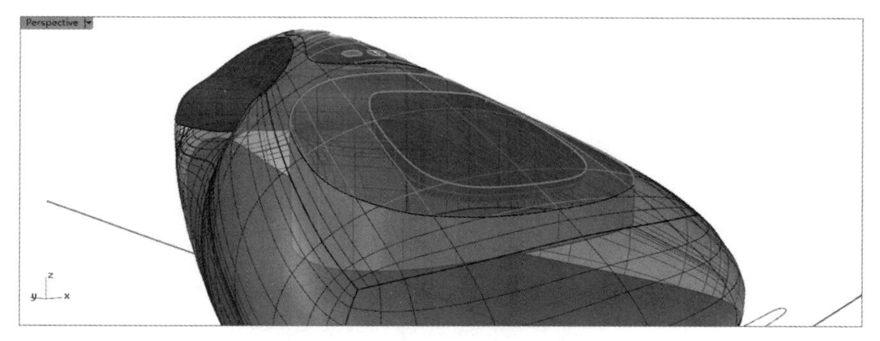

图 10.31

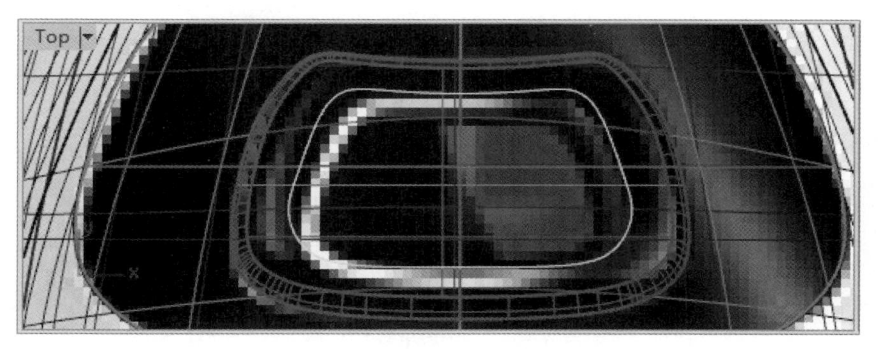

图 10.32

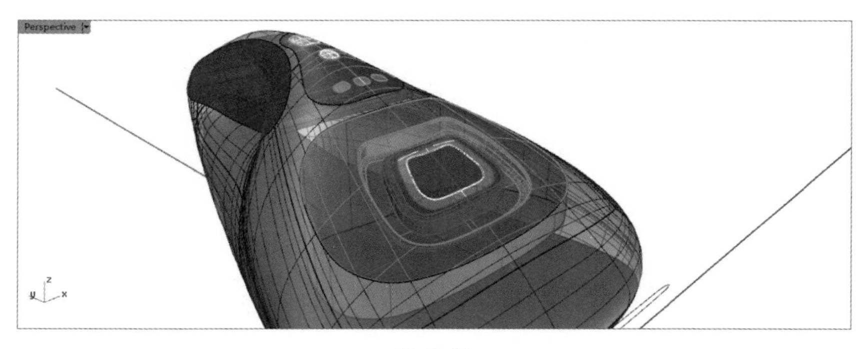

图 10.33

（6）前端开口。绘制如图 10.34 所示的曲线，单击【镜像】按钮 将其以 Z 轴为对称轴进行镜像，单击【组合】按钮 对两段曲线进行组合，单击【直线挤出】按钮 挤出如图 10.35 所示的体（别忘了【加盖】），再单击【布尔运算差集】按钮 减去挤出的体，得到如图 10.36 所示的模型。

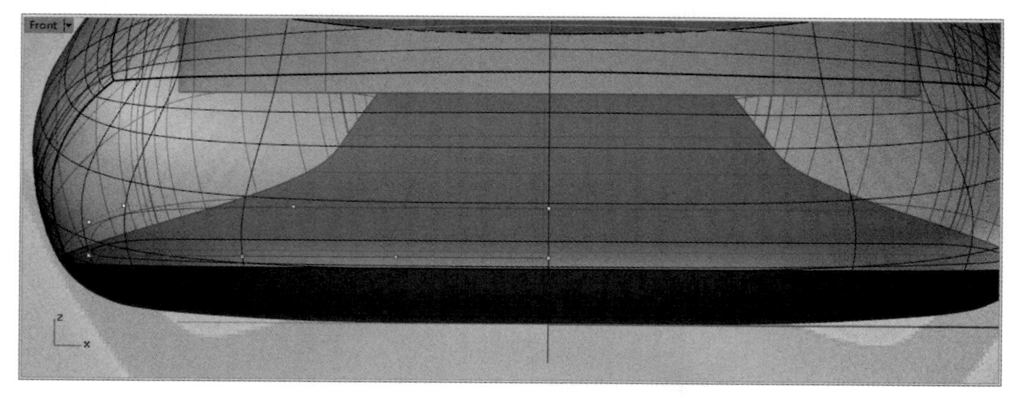

图 10.34

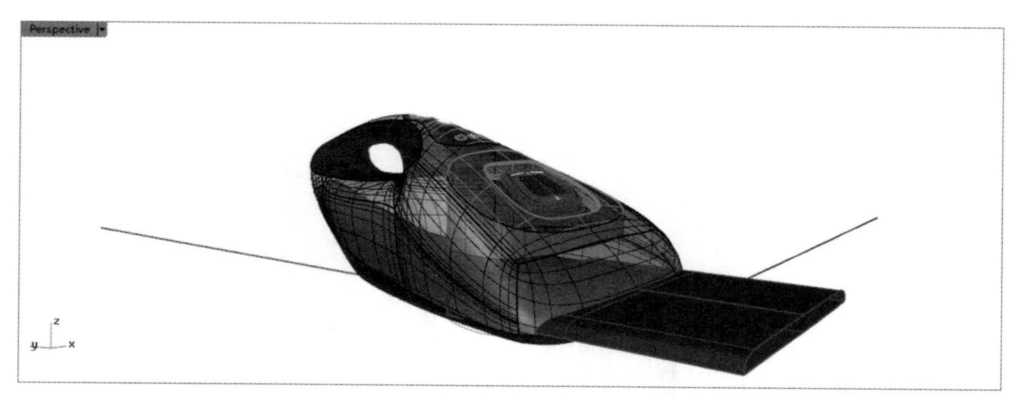

图 10.35

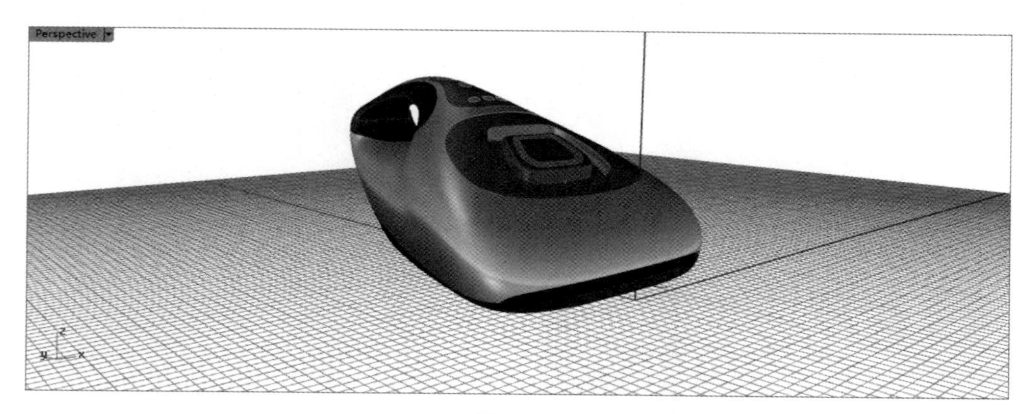

图 10.36

10.2.3 文件整理

单击【文件】→【保存文件】命令，将文件命名为“飞利浦 - 除螨仪”，存储格式为 *.3dm，如图 10.37 所示。

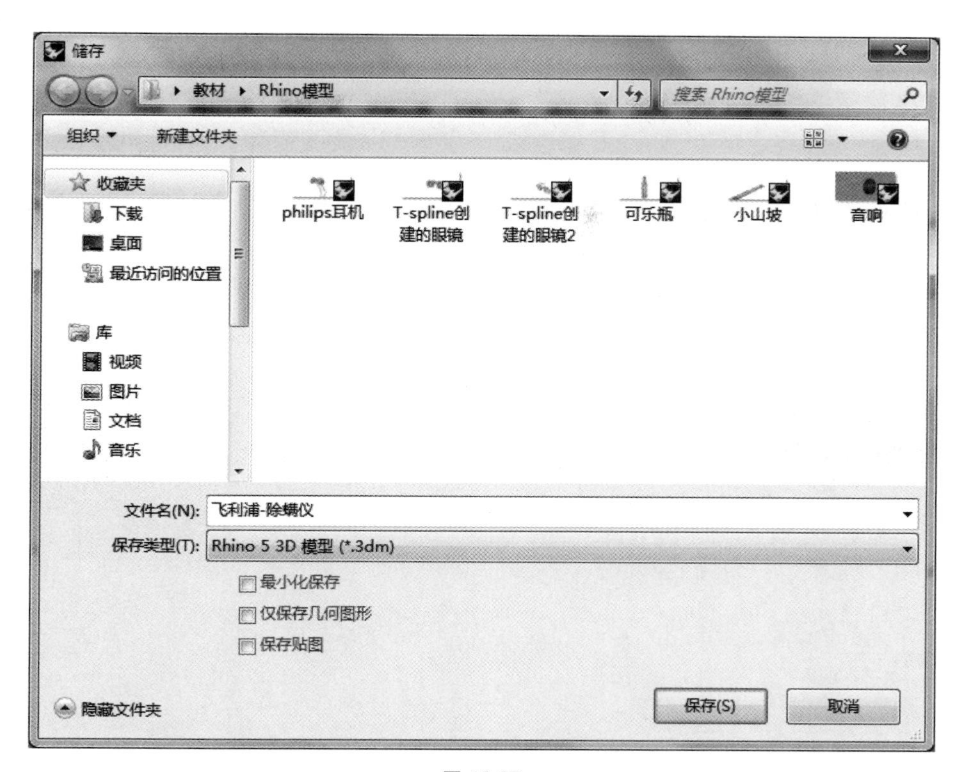

图 10.37

10.2.4 渲染效果图

飞利浦除螨仪渲染效果如图 10.38 所示。

图 10.38

精品推荐

购书咨询或教材申报请发邮件至 liujiao@waterpub.com.cn 或致电 010-68545968
其他百余种艺术设计类教材信息请见
中国水利水电出版社官方网站 http://www.waterpub.com.cn/shop/

·“十二五”普通高等教育本科国家级规划教材

《办公空间设计（第二版）》
978-7-5170-3635-7
作者：薛娟 等
定价：39.00
出版日期：2015 年 8 月

《交互设计（第二版）》
978-7-5170-4229-7
作者：李世国 等
定价：52.00
出版日期：2017 年 1 月

《装饰造型基础》
978-7-5084-8291-0
作者：王莉 等
定价：48.00
出版日期：2014 年 1 月

新书推荐

·普通高等教育艺术设计类“十三五”规划教材

| 中外美术简史（新 1 版）|
978-7-5170-4581-6
作者：王慧 等
定价：49.00
出版日期：2016 年 9 月

| 设计色彩 |
978-7-5170-0158-4
作者：王宗元 等
定价：45.00
出版日期：2015 年 7 月

| 设计素描教程 |
978-7-5170-3202-1
作者：张苗 等
定价：28.00
出版日期：2015 年 6 月

| 中外美术史（第二版）|
978-7-5170-3066-9
作者：李昌菊 等
定价：58.00
出版日期：2016 年 8 月

| 立体构成 |
978-7-5170-2999-1
作者：蔡颖君 等
定价：30.00
出版日期：2015 年 3 月

| 数码摄影基础 |
978-7-5170-3033-1
作者：施小英 等
定价：30.00
出版日期：2015 年 3 月

| 造型基础（第二版）|
978-7-5170-4580-9
作者：唐建国 等
定价：38.00
出版日期：2016 年 8 月

| 形式与设计 |
978-7-5170-4534-2
作者：刘丽雪 等
定价：36.00
出版日期：2016 年 9 月

| 室内装饰工程预算与投标报价（第三版）|
978-7-5170-3143-7
作者：郭洪武 等
定价：38.00
出版日期：2017 年 1 月

|景观设计基础与原理（第二版）|
978-7-5170-4526-7
作者：公伟 等
定价：48.00
出版日期：2016 年 7 月

| 环境艺术模型制作 |
978-7-5170-3683-8
作者：周爱民 等
定价：42.00
出版日期：2015 年 9 月

| 家具设计（第二版）|
978-7-5170-3385-1
作者：范蓓 等
定价：49.00
出版日期：2015 年 7 月

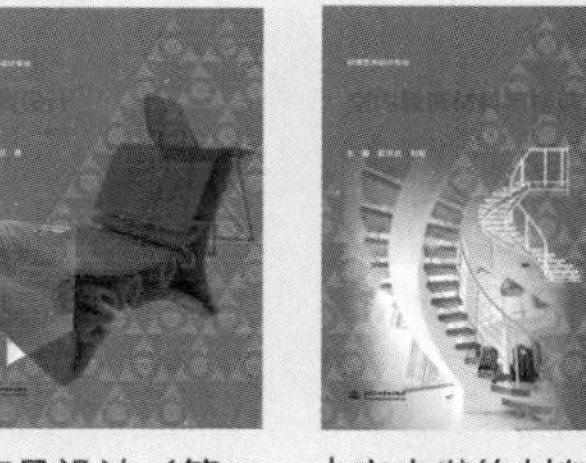

| 室内装饰材料与构造 |
978-7-5170-3788-0
作者：郭洪武 等
定价：39.00
出版日期：2016 年 1 月

| 别墅设计（第二版）|
978-7-5170-3840-5
作者：杨小军 等
定价：48.00
出版日期：2017 年 1 月

| 景观快速设计与表现 |
978-7-5170-4496-3
作者：杜娟 等
定价：48.00
出版日期：2016 年 8 月

| 园林设计 CAD+SketchUp 教程（第二版）|
978-7-5170-3323-3
作者：李彦雪 等
定价：39.00
出版日期：2016 年 7 月

| 企业形象设计 |
978-7-5170-3052-2
作者：王丽英 等
定价：38.00
出版日期：2015 年 3 月

| 产品包装设计 |
978-7-5170-3295-3
作者：和钰 等
定价：42.00
出版日期：2015 年 6 月

| 工业设计概论（双语版）|
978-7-5170-4598-4
作者：赵立新 等
定价：36.00
出版日期：2016 年 9 月

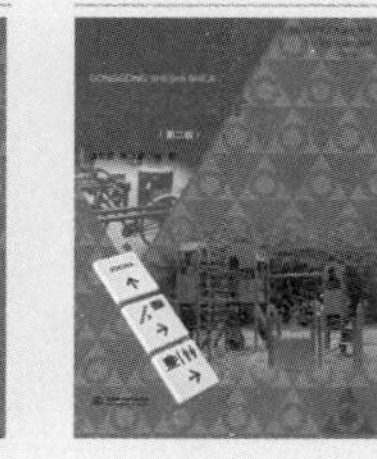

| 公共设施设计（第二版）|
978-7-5170-4588-5
作者：薛文凯 等
定价：49.00
出版日期：2016 年 7 月

|Revit 基础教程 |
978-7-5170-5054-4
作者：黄亚斌 等
定价：39.00
出版日期：2017 年 1 月